Die Relaissteuerungen der modernen Starkstromtechnik

Von

Reinhold Rüdenberg
Dr.-Ing. und Dr.-Ing. e. h., Chef-Elektriker der Siemens-Schuckertwerke
Honorarprofessor an der Technischen Hochschule
zu Berlin

Mit 125 Textabbildungen

Berlin
Verlag von Julius Springer
1930

ISBN-13:978-3-642-90322-9 e-ISBN-13:978-3-642-92179-7
DOI: 10.1007/978-3-642-92179-7

Vorwort.

Der Inhalt dieser Broschüre geht auf einige Vorträge zurück, die ich im Laufe des letzten Jahres vor technisch interessierten Hörerkreisen des In- und Auslandes hielt. Er behandelt eines der modernsten Gebiete der Starkstromtechnik, das sich in wenigen Jahren einen maßgebenden Platz in allen Zweigen dieses Faches gesichert hat. Durch Anwendung von Relaissteuerungen entlastet man den Menschen von vielen schwierigen und subtilen Funktionen, die nunmehr schneller, besser und mit größerer Präzision ausgeführt werden können.

Da die Anwendung der Relaissteuerungen in der Starkstromtechnik heute bereits außerordentlich vielfältig geworden ist, so ist es im Rahmen eines solchen Büchleins nicht möglich, mehr als einen allgemeinen Gesamtüberblick über dieses Gebiet zu geben. An Stelle eines eingehenden Lehrganges, der einen recht großen Umfang annehmen würde, habe ich versucht, den Leser durch eine erhebliche Zahl von systematisch ausgewählten Beispielen von den einfachsten bis zu den verwickeltsten Relaissteuerungen zu führen und ihm zu zeigen, an welchen Stellen unserer praktischen Betriebe solche Anordnungen mit Nutzen verwendet werden. Über das Sondergebiet der Schutzrelais und ihrer Schaltungen habe ich gemeinsam mit einer Reihe von Fachgenossen vor kurzem eine ausführlichere Darstellung veröffentlicht, als deren Ergänzung die nachfolgende Behandlung des gesamten Steuerungsgebietes dienen möge.

Der größte Teil der Entwicklungsarbeiten für Relaissteuerungen spielt sich heute im Schoße unserer Großbetriebe ab, die alle mehr oder weniger ähnliches Material zur Lösung gleichwertiger Aufgaben verwenden. Daß bei den nachfolgenden Ausführungsformen und Abbildungen vorwiegend Material einer einzigen Fabrikationsstätte verwendet worden ist, bitte ich den Leser damit zu entschuldigen, daß mir diese besonders nahesteht und die Unterlagen in großer Zahl zur Verfügung stellte.

Berlin, im Mai 1930.

R. Rüdenberg.

Inhaltsverzeichnis.

1. Entwicklungstendenz.

Die Aufgabe der Starkstromtechnik besteht darin, elektrische Energie an einzelnen, günstig für die Rohstoffe gelegenen Stellen zu erzeugen, sie über kleinere und größere Entfernungen zu transportieren, sie an die Verbraucher zu verteilen und die Energie dort in die für die Wirtschaft benötigten Energieformen, wie Licht, Wärme, chemische und mechanische Leistung, umzuformen. Der Energiebedarf der Verbraucher ist nirgends konstant, sondern nach der Tageszeit und entsprechend den verrichteten Arbeitsprozessen dauernden Schwankungen unterworfen. Auch die Erzeugeranlagen unterliegen vielerlei Schwankungen nach Jahreszeit und Verkehrsmöglichkeiten, und schließlich sind die Übertragungsleitungen und auch die elektrischen Maschinen und Apparate selbst mancherlei Wechselfällen und Störungen ausgesetzt. Es genügt daher für eine technisch und wirtschaftlich vollkommene Energieversorgung noch nicht, die elektrischen Übertragungseinrichtungen selbst aufs vollkommenste zu bauen, sondern für ihren Betrieb sind noch feinere Zusatzeinrichtungen erforderlich, die es ermöglichen, die gesamte Leistungsübertragung an allen Stellen des Energieflusses zu steuern, zu regeln und zu beherrschen.

Bereits in der Anfangszeit der Elektrotechnik suchte man diese überwachende Aufgabe dem Bedienungspersonal nach Möglichkeit zu erleichtern oder abzunehmen. Vor einigen Jahrzehnten beispielsweise stand das Problem der Spannungsregelung von Generatoren im Vordergrund des Interesses. Es gelang auf zwei typischen Wegen, dieser Aufgabe Herr zu werden: Einerseits durch Überwachung der im Generator erzeugten Spannung durch ein empfindliches Relais und Einwirkung desselben auf den Erregerstrom der Maschine, andererseits durch geschickte Ausbildung und Schaltung der elektrischen Wicklungen und der magnetischen Kreise der Maschinen derart, daß ein stärkerer Belastungsstrom von selbst ein verstärktes Erregerfeld entwickelt.

Im Laufe der Zeit haben sich aus dem Arbeitskreis und der Aufgabenstellung der Starkstromtechnik eine Fülle derartiger Steuer- und Regelprobleme ergeben, bei denen man die elektrischen Leistungsapparate durch Einbau selbsttätiger oder willkürlicher Steuergeräte so verbesserte, daß die manuelle Bedienung immer mehr in den Hintergrund trat. Ähnlich wie James Watt die Steuerventile und Schieber seiner Dampfmaschine nicht von Hand betätigte, sondern sie von der Kurbelwelle aus selbsttätig antrieb, so ist eine der ältesten elektrischen Steuerungen bereits in dem Kommutator von Gleichstrommaschinen verkörpert, der den im Anker erzeugten Wechselstrom genau in dem notwendigen Takte der Umdrehung unentwegt auf Gleichstrom umschaltet, und es fehlt nicht an beachtenswerten Vorschlägen, diese Tätigkeit des Schmerzenskindes der Gleichstromtechnik durch besonders gesteuerte Relais oder elektrische Ventile zu ersetzen.

Wir wollen uns im folgenden aber nicht mit derartigen Fragen beschäftigen, die den Aufbau der einzelnen elektrischen Maschinen und Apparate für sich betreffen, sondern wir wollen unser Augenmerk auf das Zusammenarbeiten der Einzelteile der gesamten elektrischen Anlage richten, mit den Kraftmaschinen am Erzeugerende und den Arbeitseinrichtungen am Verbraucherende, die durch die heute üblichen Betätigungs-, Steuerungs- und Regelungsanordnungen erst ihre Lebensnerven erhält. Wir sehen in der Starkstromtechnik, wie der Triumphzug der Mechanisierung in der Weise voranschreitet, daß die Handarbeit und die Gehirnarbeit, die zur Betriebsführung des gesamten Komplexes einer großen elektrischen Anlage notwendig sind, mehr und mehr durch sensible, vom Menschen unabhängige Schalt- und Steuereinrichtungen ersetzt werden. Schon heute haben wir große Kraftwerke, Speicher, Umformeranlagen und Leitungsgebilde auf der einen Seite, motorische und ähnliche arbeitsverrichtende Anlagen auf der anderen Seite im Betrieb, die ohne jegliche Bedienung durch Menschen, also völlig selbsttätig, ihre vorgeschriebenen Aufgaben verrichten.

Nicht nur beim regulären Arbeiten der Starkstromanlagen entlastet man so den Menschen, sondern man sucht ihm auch bei auftretenden Störungen die Arbeit nach Möglichkeit abzunehmen oder zu erleichtern. Als erste Regel gilt hier natürlich, die Leistungsanlage im ganzen so vorteilhaft zu entwerfen, daß der Betrieb tunlichst gesichert erscheint. Hier läßt sich durch richtige mechanische Ausführung, zweckmäßig angepaßte Isolation, geschickte Führung und Schaltung der Leitungen, ausreichende Verwendung von Drosselspulen zur Kurzschluß- und Erdschlußbegrenzung, und anderes mehr viel erreichen. Erst gegen trotzdem auftretende Störungen, die meist durch höhere Gewalt, wie Sturm, Frost, Gewitter usw. verursacht werden, pflegt man die Leitungen durch Schutzrelais zu überwachen und gegebenenfalls abschalten zu lassen.

Zwei Beispiele mögen diese Verhältnisse erläutern. Abb. 1 zeigt die Verbindung zweier Kraftwerke mit drei Verteilungsstationen, deren Leitungen zur größeren Sicherheit des Betriebes doppelt geführt worden sind. Man kann diese Leitungen in verschiedenartiger Weise an die Stationen anschließen und erhält dabei große Unterschiede hinsichtlich der Aufrechterhaltung des Betriebes bei einfachen oder mehrfachen Störungen an den verschiedensten Stellen. Beispielsweise wird der Betrieb bei reiner Parallelschaltung beider Übertragungsleitungen nach Schaltung *a* bereits beim doppelten Kurzschluß an beliebigen Stellen vollständig unterbrochen, während er bei Ringschaltung der Leitungen nach *b*, *c* oder *d* bei dieser störenden Einwirkung ganz oder zum größten Teil aufrechterhalten werden kann. Abb. 2 zeigt verschiedene Betriebsschaltungen von Verteilungsnetzen. Im Radialnetz ist die Stromverteilung zwangsweise gegeben, es läßt sich durch sehr einfache Schutzrelais überwachen. Jede Störung einer Leitung hat jedoch das Herausfallen sämtlicher ihr nachgeordneten Leitungszweige zur Folge. Man vermeidet dieses beim Ringnetz, das besonders beim Speisen von mehreren Kraftwerken aus durch die zweiseitige Verbindung eine große Reserve der Speisemöglichkeiten bietet. Die Schutzrelaisanordnungen hierfür sind schon etwas komplizierter. Die größte innere Reserve besitzt das Maschennetz, in dem beim Heraus-

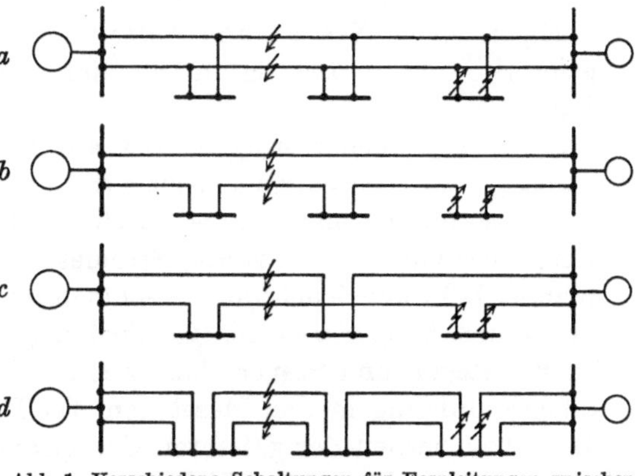

Abb. 1. Verschiedene Schaltungen für Fernleitungen zwischen Kraft- und Unterwerken. *a* Parallelschaltung, *b*, *c*, *d* Ringschaltungen.

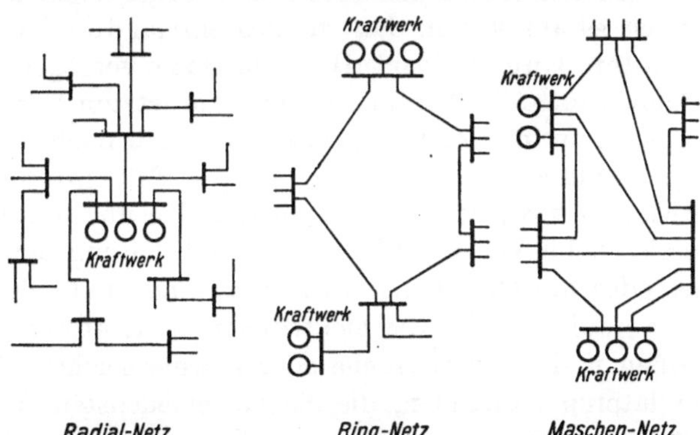

Abb. 2. Verschiedene Betriebsschaltungen von Kraftverteilungsnetzen.

fallen irgendeiner Leitung eine Störung der Energieverteilung in den gesunden Teilen nicht einzutreten braucht. Jedoch gehört die Entwicklung eines für solche Netze brauchbaren Schutzrelaissystems noch heute zu den schwierigsten Aufgaben des Selektivschutzes. Man hat es daher bis vor kurzem nur sehr vorsichtig verwendet, und es fehlt nicht an Vorschlägen, solche Netze durch Auftrennung an bestimmten Punkten bei jeder Störung selbsttätig in ein einfacheres Netzgebilde zu verwandeln.

Eine Fülle ähnlicher Fragen tritt auf allen Gebieten der Starkstromtechnik auf. Um einige Beispiele aus den Verbraucherkreisen zu nennen, so fordert man bei elektrischen Schweißmaschinen die Entwicklung eines nahezu konstanten Stromes unabhängig von der Lichtbogenlänge. Bei Zugbeleuchtungsmaschinen fordert man eine konstante Spannung unabhängig von der Geschwindigkeit. Beides läßt sich sowohl durch Regel- und Steuerrelais erzielen, als auch durch geschickte Wicklungsanordnung in den Maschinen. Im Interesse der Einfachheit und Betriebssicherheit der gesamten Energieanlage wird man für jeden Fall stets das System wählen, das die größte Betriebssicherheit bei geringsten Kosten ermöglicht, gleichgültig, ob das Ziel durch geschickten Aufbau der robusten Starkstromeinrichtung selbst oder durch zusätzliche feinere Steuereinrichtungen erreicht wird.

2. Verwendungsgebiete.

Um uns einen Überblick über das Gebiet der Starkstromsteuertechnik zu verschaffen, ist es am besten, daß wir uns einmal den Leistungsfluß einer großen Energieverteilungsanlage vergegenwärtigen, von der Erzeugungsstätte des Stromes an bis zum letzten Verbraucher, wie er in Tabelle I in der ersten Spalte von oben nach unten dargestellt ist. Wir beginnen an der Stelle, wo die Energie aus dem Rohstoff entwickelt wird, also beim Kohlenbunker und der Feuerung des Dampfkessels, beim Wasserlauf und der Rohrleitung der hydraulischen Anlage, oder am Öltank der Dieselmaschine, und gelangen sofort zur Kraftmaschine, die die elektrischen Generatoren antreibt. In manchen Anlagen sind hydraulische oder Wärmespeicher oder elektrische Akkumulatoren vorhanden, die die verschiedensten Arten von Belastungsstößen und Spitzen ausgleichen sollen.

Die elektrische Leistung wird meist zum Zweck ihrer Verteilung in Transformatoren auf die erforderliche hohe Übertragungsspannung gebracht, um später wieder nach unten umgespannt zu werden. Umformer, Motorgeneratoren und Gleichrichter dienen dazu, aus dem für die Übertragung zweckmäßigen Wechselstrom Gleichstrom zu entwickeln, der für manche Anwendungsgebiete heute noch unentbehrlich

Tabelle I. Verwendungsgebiete für Starkstrom-Relaissteuerungen.

Steuerungs art:	I Regelung schwankender Werte	II Schutzsysteme gegen Fehler	III Fernbetätigung von Schaltern und Maschinen	IV Selbsttätige Steuerung von Anlagen
		Energie-Erzeugung:		
1 Kessel Wasserlauf	Dampfdruckregler. Brennstoffregler. Verbrennungsluft. Speisewasser. Temperaturregler. Wasserströmung.	Temperaturtasten. Absperrung des Wasserschlosses.	Brennstoffzufuhr. Verbrennungsluft. Dampfventile.	
2 Kraft-maschinen	Drehzahlregler. Entnahmeregler. Zuflußregler.	Schnellschluß-ventil. Überlastungs-schutz von Speicherturbinen.	Drehzahl-verstellung. Leistungs-verstellung. Zuflußverstellung durch Ventile.	Zuschaltung von Turbinen bei Speicheranlagen. Notbeleuchtung durch Dieselmotor. Anlauf von Neben-kraftwerk. Betrieb von Wasserkraftwerk. Windkraftanlagen. Synchronisierung und Parallel-schaltung.
3 Generatoren	Spannungsregler. Überstromwächter. Frequenz von Blindstrom-maschinen. Verteilung des Leistungsfaktors.	Gestellschluß. Wicklungsschluß. Windungsschluß. Spannungs-steigerung.	Erregersätze. Schnellentregung.	
4 Speicher	Zellenschalter. Ladevorrichtung. Leistung von Schwungrad-pufferanlagen.	Wirbelstrom-bremse für Schwungräder.	Zellenschalter. Ladeventile für Dampfspeicher.	Dampfspeicher-ventile.
		Energie-Verteilung:		
5 Trans-formatoren	Stufenschaltung. Zusatztransfor-matoren. Drehtransfor-matoren.	Buchholzschutz. Überlastungs-schutz. Differentialschutz.	Stufentransfor-matoren. Drehtransfor-matoren.	Autom. Trans-format.-Stationen. Ab- u. Zuschaltung nach Leistung. Rückstellung von Drehtransfor-matoren.
6 Umformer, Gleichrichter	Konstante Über-tragungsleistung.	Durchgehen von Einanker-umformern. Rückleistung.	Gleichrichter-zündung. Gleichrichter-steuerung.	Zu- u. Abschaltung von Gleichrichtern. Betrieb v. Einanker- und Kaskaden-umformerwerken.
7 Schalt-anlagen		Sammelschienen-schutz.	Ölschalter Ein- und Ausschaltung. Bahnunterwerke. Leuchtschalt-bilder.	Wiedereinschalten von Ölschaltern. Kuppelschalter für Gleichstromnetze. Rückleistungs-schalter.

Tabelle I (Fortsetzung).

Steuerungsart:	I Regelung schwankender Werte	II Schutzsysteme gegen Fehler	III Fernbetätigung von Schaltern und Maschinen	IV Selbsttätige Steuerung von Anlagen
		Energie-Verteilung:		
8 Leitungen	Ladestromkompensierung.	Überstromschutz. Gegenläufige Staffelung. Achterschutz. Polygonschutz. Kabelschutz. Distanzschutz.	Netzkupplung.	Streckenschalter für Fahrleitung.
9 Zähler	Strombegrenzer für Pauschaltarif.		Mehrfachtarife. Spitzenzähler. Hochfrequenzumschaltung.	
		Energie-Verbrauch:		
10 Beleuchtung		Erdungsschutz.	Treppenschalter. Straßenbeleuchtung.	Lichtreklame. Zugbeleuchtung.
11 Heizung	Thermostaten. Glühöfen. Plätteisen. Trockenöfen. Heizkissen. Kühlöfen.	Temperaturüberwachung.	Elektroöfen.	Warmwasserspeicher.
12 Bergwerksbetriebe	Schlupfregelung von Ilgnermotoren. Ventilatordrehzahl. Drehzahl von Fördermaschinen.	Fördermaschinengeschwindigkeitsschutz. Seilrutsch. Umsatz-Einrichtg. Kohlebunker-Füllg. Schlagwetterschutz.	Gefäßförderanlagen. Anlauf von Leonardsätzen.	Selbsanlasser für Motoren. Antrieb von Pumpen, Ventilatoren, Kompressoren.
13 Textil- und Papierbetriebe	Zellstoffschleifer. Papiermaschinen. Spinnmaschinen.	Drehzahlumkehrung.	Rotationsdruckmaschinen. Papiermaschine. Kalander. Rollapparate.	Kunstseidenantriebe. Gerbfässer.
14 Chemie	Ofen-Elektroden. Konstantstrom für Elektrolyse.	Aluminiumöfen.	Antriebe in Explosionsräumen.	Rührwerke. Gasgeneratorventile.
15 Metallbearbeitung u. ähnl.	Schnittgeschwindigkeit. Schweißmaschinen.	Überstromschutz. Wicklungsbruchschutzschalter. Spannungsrückgang.	Hobelmaschinen. Drehbänke. Blechscheren. Bohrwerke.	Hauswasserpumpen. Druckluftanlasser.

Tabelle I (Fortsetzung).

Steuerungsart:	I Regelung schwankender Werte	II Schutzsysteme gegen Fehler	III Fernbetätigung von Schaltern und Maschinen	IV Selbsttätige Steuerung von Anlagen
		Energie-Verbrauch:		
16 Hütten- und Walzbetriebe	Strombegrenzung von Walzmotoren. Konstantzug bei Haspeln.	Überlastung von Walzmotoren.	Walzwerksantriebe. Schrägaufzüge.	Begichtungsaufzüge. Ventilsteuerung für Winderhitzer.
17 Hebe- und Transportbetriebe	Stromwächter für Krane.	Paternosteraufzüge. Senken von Lasten. Seildehnungsausgleich.	Entladekrane. Aufzüge.	Druckknopfaufzüge. Öffnen und Schließen der Türen. Veränderliche Anfahrbeschleunigung.
18 Stadtbahnen		Hochbahn-Schnellbremse.	Lokomotiv-Schützensteuerung. Triebwagen-Schützensteuerung.	Halbselbsttätige Zugsteuerung. Vollselbsttätige Zugsteuerung.
19 Fernbahnen			Elektromagnetische Zugsteuerung. Elektropneumatische Zugsteuerung.	
20 Verschiedenes		Brandschutz von Elektrofiltern.	Klappbrücken. Schleusen für Kanäle.	Reinigung von Elektrofiltern.

ist. Wir durchlaufen die Schaltanlagen, die zur Verteilung der Energie auf die verschiedensten Abzweigleitungen dienen, und treten schließlich über die Zähler in die Verbraucheranlagen ein. Hier verrichtet die elektrische Leistung ihre nutzbringende Tätigkeit durch Beleuchtung, Heizung und die verschiedensten Arten von industriellen Antrieben in Bergwerken, Textil- und Papierbetrieben, chemischen Anlagen, bei der Metallbearbeitung, bei Hütten- und Walzbetrieben, bei Hebe- und Transportvorrichtungen, sowie bei den verschiedensten Verkehrsmitteln, wie Gleichstrom- und Wechselstrombahnen, schließlich im Wasserbau, bei Filteranlagen und verschiedenen sonstigen Gebieten.

Den Betrieb aller dieser Einzelteile sucht man heute mit einem Minimum an Personal durchzuführen und verwendet dazu Steuerungsarten, die man in 4 große Gruppen aufteilen kann und die in Tabelle I in der obersten Zeile nebeneinander aufgeführt sind: Die Regelung schwankender Werte, wenn es darauf ankommt, konstante Spannung, konstante Drehzahl, konstanten Strom zum Betrieb zu erhalten, ohne daß Änderungen in der Belastung sich schädlich bemerkbar machen sollen.

Automatische Schutzsysteme gegen Fehler, die bei irgendwelchen Störungen des Betriebes die kranken Teile der Anlage, und möglichst nur diese, abschalten sollen, ohne daß der Betrieb der gesunden Teile unterbrochen wird. Die Fernbetätigung von Schaltern und Maschinen, durch die es ermöglicht wird, bei verwickelten Anlagen die zeitraubende oder schwierige Bedienung von einer zentralen Stelle aus zu bewerkstelligen. Dadurch braucht der Bedienende einerseits sein Augenmerk nicht mehr auf den elektrischen Betriebsvorgang zu richten, den er steuern soll, andererseits ist er in der Lage, die Vielheit der lebenswichtigen Bedienungshandlungen viel vollkommener zu überblicken. Schließlich die selbsttätige Steuerung von Anlagen, häufig auch kurzweg Automatik genannt, bei der eine kleinere oder größere Reihe von nacheinander folgenden Betriebshandlungen nötig ist, beispielsweise zum Anlassen eines Motors, zur Steuerung eines Personenaufzugs, zur Synchronisierung beim Parallelschalten von Maschinen, zum Ingangsetzen eines Umformerwerkes oder zum vollständigen Betrieb etwa einer Wasserkraftanlage.

Diese Unterteilung nach vier Steuerungsarten ist natürlich bis zu einem gewissen Grade willkürlich, es kommen Kreuzungen und Überdeckungen an zahlreichen Stellen vor.

Die tägliche Praxis zeigt, daß für alle Teile der Leistungsanlage ein starker, mit der Zeit stets wachsender Bedarf nach derartigen Steuerungsanlagen vorhanden ist. Es ist natürlich unmöglich, im Rahmen einer knappen Broschüre alle derartigen Feinsteuerungen zu beschreiben. In der Tabelle I ist daher nur eine Auswahl der wichtigsten Steuerungen mit je einem Stichwort angeführt, und es ist jede Steuerungsart nur ein einziges Mal angeführt, während sie in Wirklichkeit bei vielen Teilen im gesamten Leistungsfluß verwendet wird. Dabei sind ausschließlich Steuerungssysteme von Anlagen aufgenommen worden, die in der Praxis ausgeführt sind, und schließlich sind aus Platzgründen in jedem Feld der Tabelle nicht mehr als 6 verschiedene Stichworte genannt, so daß diese Übersicht nur einen schwachen Abglanz der Wirklichkeit gibt.

Man erkennt aus den einzelnen in der Tabelle genannten Kennworten, in wie inniger Verfilzung die Steuerungstechnik durch Relais und äquivalente Apparate mit der gesamten Starkstromtechnik steht. Die Entwicklung gerade auf diesen Gebieten ist derart rapide, daß die noch freien Felder wohl schon in absehbarer Zeit ebenfalls durch Relaissteueranordnungen ganz oder zum Teil ausgefüllt werden dürften. Beispielsweise ist erst kürzlich das bisher freie Feld I/8, Regelung von Leitungen, belegt worden, da man für eine große 220-kV-Fernleitung vom Rheinland durch Süddeutschland bis in die Alpen hinein vollautomatisch gesteuerte Drosselspulen benutzt, die die enormen Ladeströme dieser Hochspannungsstrecke kompensieren sollen. Diese Anlage mit ihren mehr als 200000 kVA an Leistung stellt wohl einen der größten feingesteuerten Betriebe der Welt dar und erfordert außerordentlich subtile Regelapparate, um die lange Strecke stets in dem gewollten Betriebszustande zu erhalten.

3. Steuerungselemente.

Wir wollen nun ein wenig in die Technik der Feinsteuerungen eindringen und uns dazu an Hand von Tabelle II einen knappen Überblick über die benutzten Steuerungselemente verschaffen. Wenn wir

Tabelle II. Steuerungselemente.

1 Stromart	2 Beeinflussung	3 Elektrische Beeinflussung	4 Steuergeräte	5 Relaissysteme	6 Relaiswirkungen
Gleichstrom Einphasenstrom Drehstrom Hochfrequenzstrom	Hand Stellung Elektrisch Drehzahl Temperatur Druck, z. B. Wasser, Öl, Luft Zeit Gase	Strom Spannung Leistung, z. B. Wirk-, Blind- oder cos φ Widerstand Differenz- oder Summenwirkung Frequenz	Druckknopf Stellungsschalter Relais oder Schütz Endausschalter Meisterwalze Schrittschaltwerk Auslöser	Elektromagnet, z. B. Tauchkern, Klappanker, Drehanker Drehspule Drehfeld Hitzdraht Kreuzspule Summen- oder Differenzrelais Resonanz	Kontaktschluß oder -öffnen Verstellung von Hebeln oder Weichen Zahnradumschaltung Widerstandsverstellung Druckkolbenverstellung

uns im Augenblick auf die elektrischen Elemente beschränken, um nicht gar zu breit zu werden, so können wir sie zunächst einteilen nach der Stromart und nach der Ursache der Beeinflussung entsprechend Spalte 1 und 2. Speziell bei der elektrischen Beeinflussung ergeben sich nach Spalte 3 wieder unterschiedliche Ursachen, die man erfassen will, wie Strom, Leistung, Frequenz usw. Man erkennt aus diesen ersten Spalten von Tabelle II bereits, wieviel verschiedenartige Steuergeräte in der Praxis erforderlich sind. In Spalte 4 sind diese Geräte mit ihren wichtigsten Vertretern angeschrieben, und in Spalte 5 sind hiervon speziell die Relaissysteme nochmals nach ihren verschiedenen Bauarten weiter unterteilt. Alle diese Relais und Steuersysteme können entsprechend Spalte 6 durch einfachen Kontaktschluß wirken oder ihren Befehl durch andere mechanische oder elektrische Beeinflussungen an die Steuerapparatur weitergeben.

Abb. 3. Druckknopftafel für vollautomatischenRotationsmaschinenantrieb.

In den nächsten Abbildungen 3 bis 31 ist eine Auswahl von derartigen Steuerungselementen dargestellt, wie sie in modernen Starkstromanlagen verwendet werden. Dabei schließen wir uns in der Reihenfolge nach Möglichkeit derjenigen von Tabelle II an. Abb. 3 zeigt eine Druckknopftafel, wie sie in ähnlicher Form überall für die Einleitung elektrischer Bewegungen von Hand benutzt wird. Aus Abb. 4 ersieht man, wie die Herstellung eines Kontaktschlusses selbsttätig durch einen einfachen Schwimmer hervorgerufen werden kann. Abb. 5 stellt schon ein kompliziertes Beispiel, nämlich einen Türkontakt für Aufzüge dar, und Abb. 6 zeigt als Kontaktgeber ein temperaturempfindliches Element, das bei seiner Ausdehnung einen Quecksilberkontakt zum Ansprechen bringt. Schließlich ist in Abb. 7 das Kontaktelement eines Transformator-Schutzsystems dargestellt, bei dem das Auftreten von Gasblasen im Öl einen Schwimmer bewegt und Kontaktschluß bewirkt.

zusammengebaut. Einzelteile.

Abb. 4. Schaltertopf für Hauswasserpumpe mit Schwimmer-Kontakt-Einrichtung.

In Abb. 8 ist eine von Hand bediente *Meisterwalze* zum Steuern von Maschinen dargestellt, mit der gleichzeitig Signallampen freigegeben

zusammengebaut.

Einzelteil.

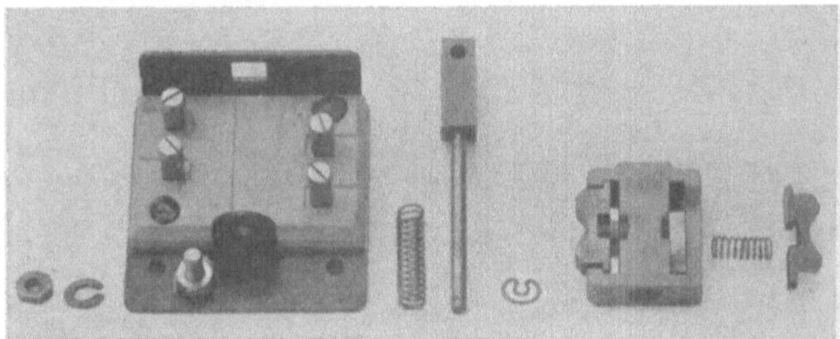

Einzelteile.

Abb. 5. Türkontakt für elektrisch betriebene Personenaufzüge.

werden, die die *Rückmeldung* der eingeleiteten Handlung bewirken. Abb. 9 stellt ein durch Motor betriebenes, ohne weiteren Handeingriff

Ansicht.

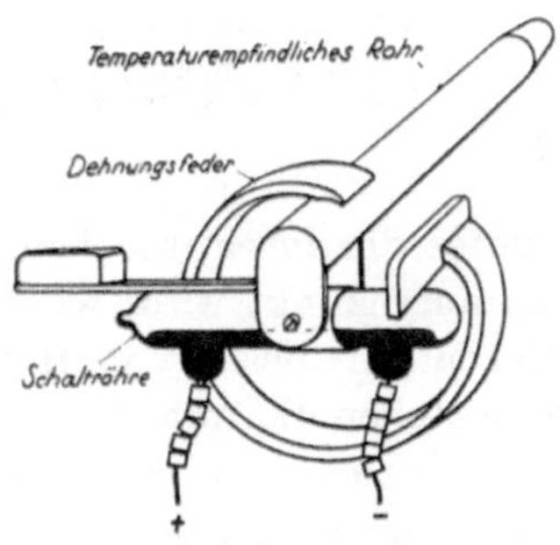

Wirkungsschema.

Abb. 6. Selbsttätiger Temperaturregler für elektrische Flüssigkeitsbeheizung.

selbsttätig weiterlaufendes Nockenschaltwerk dar, wie es für die Steuerung elektrischer Vollbahnen benutzt wird. In Abb. 10 ist ein Schrittschaltgesperre dargestellt, das zum Umsetzen der gleichmäßigen Bewegung eines Antriebsmotors in eine ruckweise Bewegung dient, wie sie zur Betätigung von Anlaßwalzen oder größeren Widerständen zweckmäßig ist. Schließlich zeigt Abb. 11 einen Hochspannungs-

Abb. 7. Gasrelais als Transformator-Schutzeinrichtung nach Buchholz. *a* Deckel, *b* Messinggußgehäuse, *c*, *h* Schwimmer, *d* Sammelraum für Gasblasen, *e*, *k* Quecksilberkontakt, *f*, *i* Achse, *g* Hebel, *l* Schauglas, *m* Hahn.

Ölschalter, der durch aufgebaute Auslösemagnete durch seinen eigenen Strom ausgeklinkt wird, wenn dieser unzulässig stark anschwillt.

Gegenüber diesen von Hand oder durch Motor betätigten Steuergeräten stellen die Abb. 12 und 13 die prinzipielle Bauform von Relais nach dem Tauchanker- und Klappankersystem dar, bei denen eine vom Strom erregte Spule den eisernen Anker anzieht und dadurch einen Kontaktschluß bewirkt. Die praktische Durchbildung solcher Relais, die beim Auftreten oder Verschwinden eines relativ schwachen

Vorderansicht.

Rückansicht.

Abb. 8. Anlaufschaltwalze von Umformern zur wahlweisen Fernbetätigung oder selbsttätigen Steuerung.

Abb. 9. Selbsttätiges Nockenschaltwerk für Bahnmotoren mit Antrieb durch Elektromotor und Ausschalten durch Druckluft.

Stromes einen stärkeren Betätigungsstrom durch ihre Kontakte zu steuern vermögen, ist in den letzten Jahren sehr vervollkommnet worden.

Abb. 10. Schrittschaltgesperre zum Betätigen von Anlaßwalzen.

.Abb. 14 stellt ein Solenoidrelais mit zwei Kontakten nach dem Schema der Abb. 12 dar. Abb. 15 gibt ein polarisiertes Relais nach dem Muster von Abb. 13 wieder, bei dem der Kontaktschluß nicht nur von der Stärke, sondern auch von dem Richtungssinn des erregenden Stromes abhängig ist. Ein einfaches Gleichstromrelais, in das auch mehrere Hilfseinrichtungen eingebaut sind, ist in Abb. 16 dargestellt. Bei Abb. 17 ist die Wärmeausdehnung eines Hitzdrahtes beim Stromdurchfluß zur Kontaktbetätigung benutzt.

Während die letztgezeigten Relais für geringe Ströme bemessen sind, können mit den nachfolgenden beträchtlichere Leistungen geschaltet

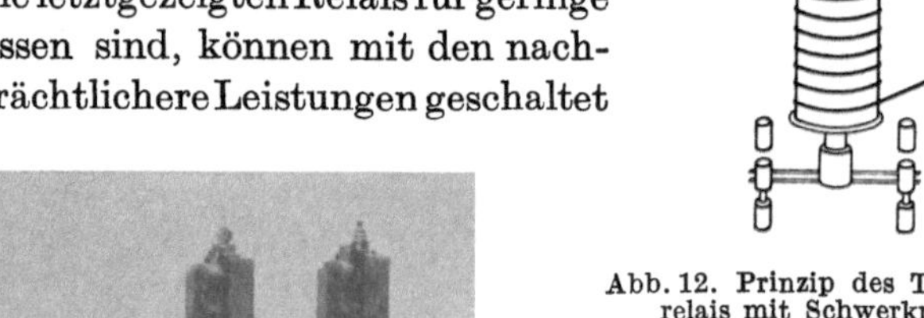

Abb. 12. Prinzip des Tauchankerrelais mit Schwerkraft als Gegenkraft.

Abb. 11. Dreipoliger Ölschalter für 6 kV mit 2 Hauptstromauslösern und wahlweiser Handbetätigung.

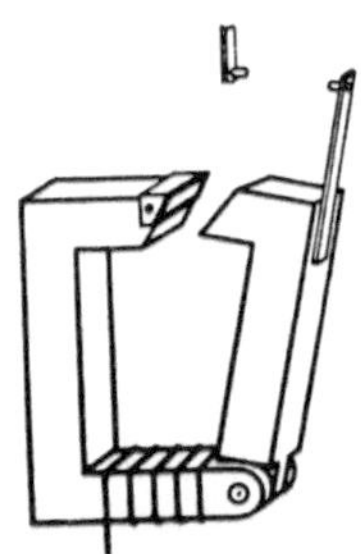

Abb. 13. Prinzip des Klappankerrelais.

werden. So zeigt Abb. 18 ein doppelpoliges Schütz nach dem Klappankerprinzip für starke Ströme, wie es zum Steuern mittelgroßer Motoren ausreicht. In Abb. 19 ist ein sehr kräftiges Anlaßschütz für Wechselstrombetrieb dargestellt, dessen Arbeitskontakte durch Kniehebelwirkung festgepreßt werden, und das seitlich einige Signalkontakte

Abb. 14. Doppelpoliges Steuerrelais nach dem Tauchankerprinzip.

Abb. 15. Polarisiertes Gleichstromsteuerrelais nach dem Klappankerprinzip.

besitzt, durch die Verriegelungen oder Rückmeldungen vorgenommen werden können. Um zeitliche Verzögerungen zu erzielen, ist bei dem

mit Haube.

geöffnet.

Abb. 16. Gleichstromrelais nach dem Drehspulenprinzip.

Relais der Abb. 20, das für ferngesteuerte Gleichstrombahnen verwendet wird, ein Uhrwerk eingebaut, so daß ein Zeitrelais entsteht.

Abb. 17. Hitzdrahtrelais.

Abb. 18. Doppelpoliges Steuerschütz nach dem Klappankerprinzip für stärkere Ströme.

Abb. 19. Zweipoliges Wechselstromschütz mit Kniehebelwirkung des Klappankers und Hilfskontakten zur Verriegelung.

Abb. 20. Zeitrelais für selbsttätige und ferngesteuerte Gleichstrombahnen.

1 Lagerbock, *2* drehbarer Hebel, *3* Magnetspule, *4* Druckfeder, *5* federndes Kontaktstück, *6* Anschlagkontakt, *7* Uhrwerk.

Abb. 21 zeigt eine Reihe von Schützen, wie sie für die starken häufig geschalteten Motorströme von Wechselstromlokomotiven benutzt werden.

Abb. 21. Starkstromschütze für Wechselstromfernbahnen.

In Abb. 22 ist ein durch Druckluft betätigtes Starkstromschütz wiedergegeben, bei dem die Luftzufuhr, wie die rechte Querschnittszeichnung zeigt, durch einen Tauchanker ein- oder ausgeschaltet wird.

Abb. 22 a. Druckluftschütz mit rechts angebautem Relais.
Abb. 22. Elektropneumatische Schaltvorrichtung.

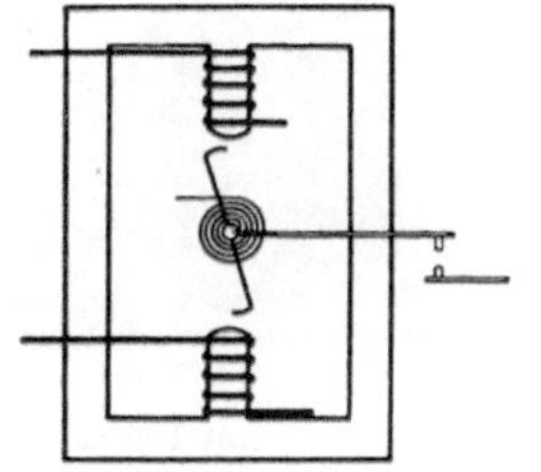

Abb. 23. Prinzip des Drehankerrelais.

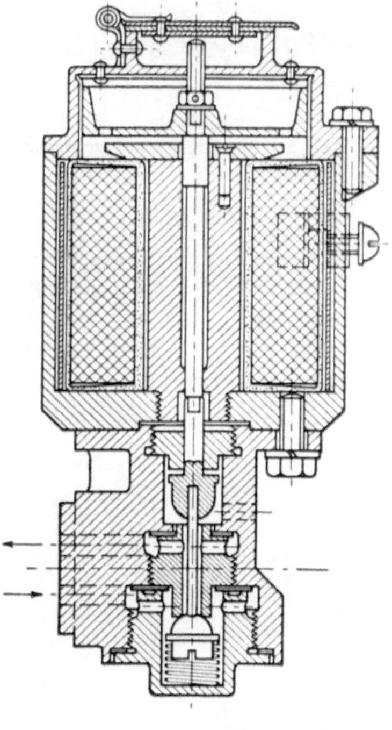

Abb. 22 b. Schnitt durch das elektrische Druckluftrelais.

Ein etwas abweichendes Relaisprinzip wird durch das Schema der Abb. 23 dargestellt. Zwischen den Polen eines Magneten ist ein Drehanker beweglich angebracht, so daß der magnetische Kreis dauernd fast geschlossen ist, wobei nur sehr geringe Energiemengen zum Auslösen

mit Haube. geöffnet.
Abb. 24. Stromrelais mit geringem Eigenverbrauch nach dem Drehankerprinzip.

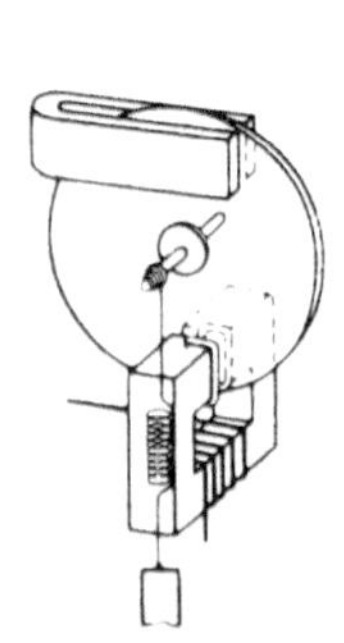

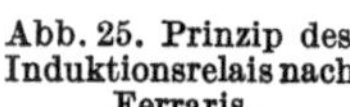

Abb. 25. Prinzip des Induktionsrelais nach Ferraris.

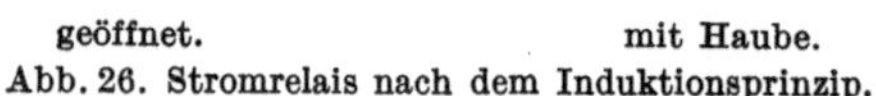

geöffnet. mit Haube.
Abb. 26. Stromrelais nach dem Induktionsprinzip.

des Relais erforderlich sind. Abb. 24 stellt die Ausführungsform eines solchen hochempfindlichen Z-Anker-Relais dar. Viel benutzt werden auch Relais nach dem Induktionsprinzip entsprechend Abb. 25, bei denen in einer Kupfer- oder Aluminiumscheibe Wirbelströme durch den erregenden Wechselstrommagneten induziert werden, die mechanische Kräfte in der Scheibe entwickeln. Abb. 26 gibt die Ausführung eines solchen einfachen Überstromrelais, Abb. 27 diejenige eines Richtungsrelais, bei der Strom- und Spannungsspulen gemeinsam auf die Relaisscheibe induzierend wirken.

Die gleiche Wirkung kann man mit sehr hoher Empfindlichkeit erzielen, wenn man im Luftspalt eines Magnetsystems eine stromdurchflossene Spule beweglich anordnet. Abb. 28 zeigt die Ausführung eines derartigen Richtungsrelais nach dem Drehspulenprinzip.

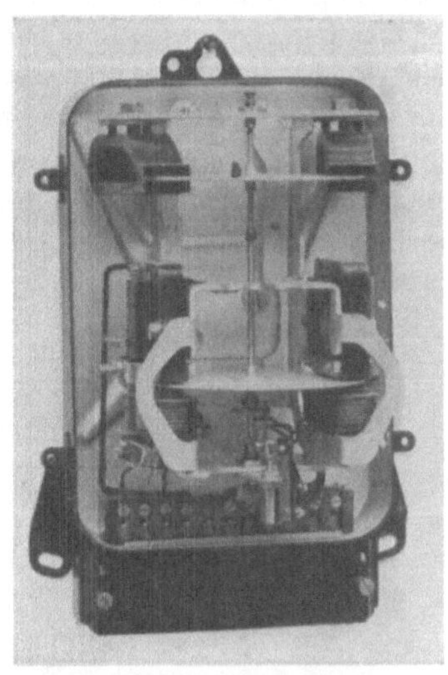

Abb. 27. Zweipoliges wattmetrisches oder Richtungsrelais nach dem Induktionsprinzip.

Abb. 28. Zweipoliges Richtungsrelais nach dem Drehspulenprinzip.

Abb. 29. Dreipoliges Richtungsrelais für Drehstromleitungen mit fremdgesteuerten Kontakten.

Abb. 29 gibt die Ausführung eines ähnlichen Relais nach gleichem Konstruktionsprinzip wieder, bei dem zur Erzielung des geringsten Energieverbrauchs und der höchsten Empfindlichkeit die Kontaktbewegung durch einen fremden Magneten bewirkt wird, während die Bewegung der Relaisspule den Kontaktschluß nur durch vorheriges Zwischenschieben eines isolierenden Plättchens verhindert oder ermöglicht. Ein hochkompliziertes Fehlerortsrelais ist in Abb. 30 wiedergegeben; hier

Abb. 30. Fehlerortsrelais für Hochspannungsleitungen.

wirken eine ganze Reihe der bisher genannten Einrichtungen in geeigneter Weise zusammen, um nicht nur die kranke Strecke abzuschalten, sondern auch den Ort eines Kurzschlußfehlers auf einer längeren elektrischen Fernleitung automatisch zur Anzeige zu bringen.

Während man sich bei allen diesen Relais mit dem einfachen Öffnen und Schließen des Kontaktes begnügt hat, ist in Abb. 31 ein Quecksilberregler dargestellt, bei dem die Magnetspule einen Tauchanker mehr oder weniger weit in ein quecksilbergefülltes Gefäß hineindrückt, so daß je nach der Höhe des Quecksilberstandes eine kleinere oder größere

Anzahl von Kontakten in dem Gefäß kurz geschlossen werden. Hierdurch wird es ermöglicht, einen Stufenwiderstand schwächer oder stärker zur Wirkung zu bringen, und dadurch die verschiedenartigsten Regulierungen mit sanft abgestufter Wirkung durchzuführen.

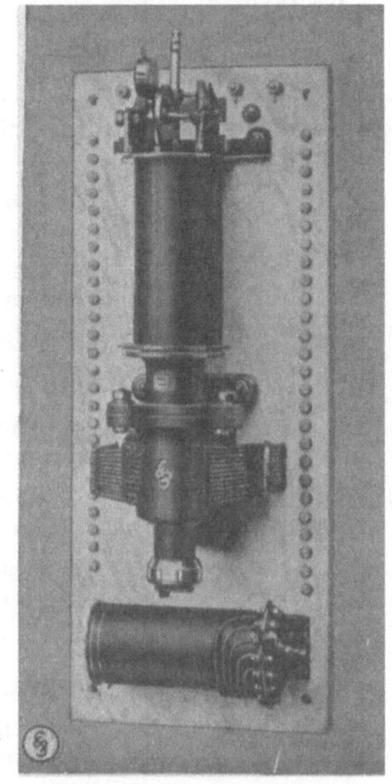

Abb. 31. Quecksilberregler nach Dick.

4. Wirkungsprinzipien.

Wir wollen uns nun das Zusammenwirken der verschiedensten Steuerungselemente an einigen Beispielen veranschaulichen. In Tabelle III ist eine Übersicht über die Wirkungsprinzipien der verschiedenen Relaissteuerungen gegeben, die natürlich bei den großen Gruppen der Regelung, der Schutzsysteme, der Fernbetätigung und der selbsttätigen Steuerung stark unterschiedlich sind.

Man führt **Regelungen** entweder auf konstante Werte von Strom, Spannung usw. aus, oder auf Werte, die sich nach einem bestimmten Programm ändern. Abb. 32 zeigt die erstere Anordnung an dem klassischen Schema eines Spannungsreglers eines Gleichstromgenerators. Ein empfindliches Relais spricht auf geringe Abweichungen vom Sollwert der Spannung an und schließt einen Kontakt, durch den eines der beiden Zwischenrelais zur Verstärkung der Wirkung auf technische Leistung

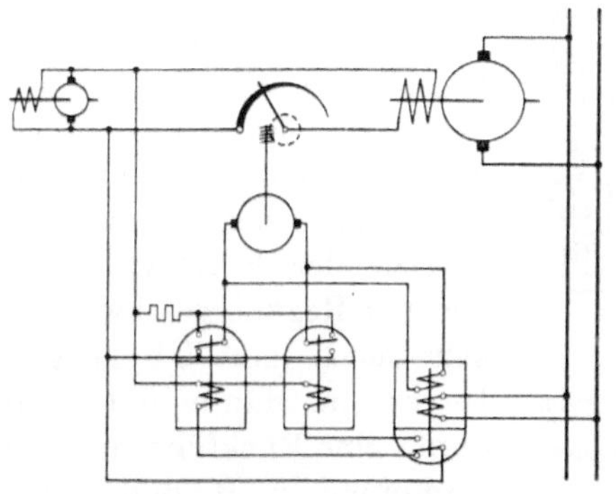

Abb. 32. Spannungseilregler mit Rückführung für Gleichstrommaschinen.

Abb. 33. Spannungsschnellregler mit Zwischenrelais.

Tabelle III. Wirkungsprinzipien der Relaissteuerungen.

I Regelung schwankender Werte	II Schutzsysteme gegen Fehler	III Fernbetätigung von Schaltern und Maschinen	IV Selbsttätige Steuerung von Anlagen
empfindlicher Anzeiger für Spannung, Leistung, Druck usw.	Fehlerarten der Anlage	Vieldrahtsystem	Meisterwalze
Verstärkung auf technische Leistung	Vorbeugen im regulären Betrieb	Ein- bis Dreidrahtsystem	mechanische Folgeschaltung
zeitliche Betätigung des Steuergerätes	Strom- und Spannungsänderung	Hochfrequenz-Übertragung	elektrische Folgeschaltung
mechanische, magnetische, thermische Nacheilzeiten	Zeitstaffelung	Drahtlose Übertragung	Endschalter
Dämpfung, Rückführung	Leistungsrichtung	Synchrone Schaltwalzen	Verriegelungen
	Sternpunktsverlagerung	Schrittschaltwerke	Vorbereitung der Anfangsstellung
	Summen- oder Differenzstrom	Resonanzabstimmung	Sperrung bei Störungen
	Widerstandsänderung	Rückmeldung	Eingriff von Hand
	Vergleichsleiter		Schutzschaltung bei Fehlern
	Feldentregung		
	mechanische Wirkungen		

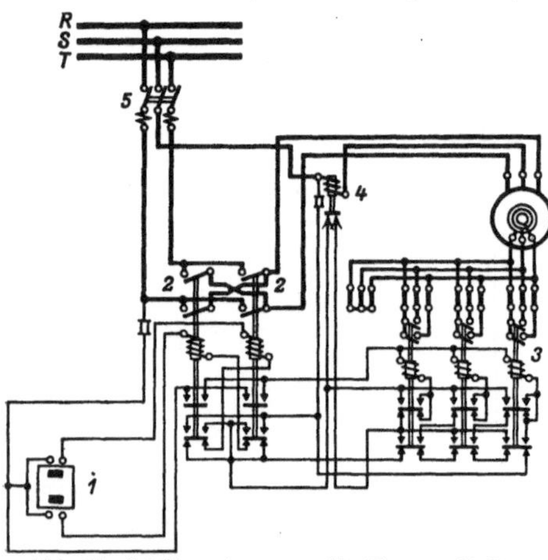

Abb. 34. Schützensteuerung für Krane mit Stromwächterschaltung. 1 Umschalter, 2 Ständerschütz, 3 Läuferschütz, 4 Stromwächter, 5 Maximalausschalter.

betätigt wird. Dieses setzt den Verstellmotor des Nebenschlußreglers des Generators oder einen äquivalenten Regler in Tätigkeit, so lange, bis der Sollwert der Spannung wieder erreicht ist und das Relais zur Ruhe kommt. Wegen der mechanischen und magnetischen Nacheilzeiten tritt bei einer bestimmten Grenze der Empfindlichkeit und der Reguliergeschwindigkeit meist ein Überregulieren ein. Man muß deshalb durch eine Rückführung oder Dämpfung, z. B. durch eine Beeinflussung des Spannungsrelais von der Spannung des Verstellmotors aus, diese Schwingungen im Keim ersticken. Abb. 33 zeigt einen ähnlichen Spannungsschnellregler in Ansicht.

In Abb. 34 ist eine **Stromregelung** für den Selbstanlauf von Drehstrommotoren dargestellt, bei dem ein **Stromwächter** den Sollwert des Anlaufstromes überwacht und bei Über- und Unterschreitungen

Abb. 35. Motorrelais für den Schlupfwiderstand eines elektrischen Fördermaschinenantriebs.

um ein gewisses Maß den Läuferwiderstand ein- oder ausschaltet. Hierdurch wird es erreicht, daß der Anlauf des Motors mit nahezu konstanter

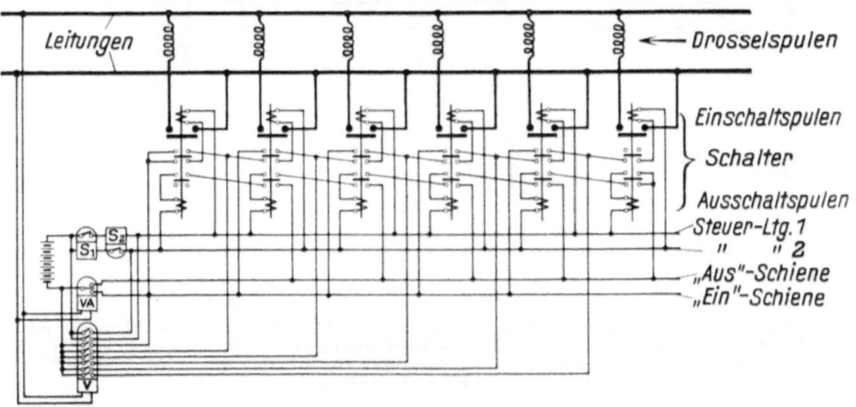

Abb. 36. Selbsttätige Regelung von Kompensationsdrosselspulen für die Ladeströme langer Fernleitungen.
VA Indikatorrelais, S_1 S_2 Zeitrelais, *V* Gefahrrelais.

Stromstärke erfolgt. Abb. 35 zeigt einen **Schlupfregler** für große Drehstrommotoren, bei dem das Relais als **Drehfeldmotor** ausgeführt ist, um die großen für die Verstellung des Flüssigkeitswiderstandes benötigten

Kräfte unmittelbar zu entwickeln. Bei Abweichungen des Stromes vom Sollwert dreht sich das Motorrelais nach der einen oder anderen Seite und taucht dadurch die Widerstandsplatten ein oder aus.

Abb. 36 stellt das Schaltschema für eine Stufenregelung einer Reihe von Drosselspulen dar, die zur Kompensierung der Lade-

Abb. 37. Blindleistungs-Kompensationsrelais für lange Fernleitungen.

ströme von Fernleitungen dienen, und nach Ansprechen des Indikator-Relais aufeinanderfolgend ein- oder ausgeschaltet werden sollen. Die richtige Aufeinanderfolge der Schalthandlungen wird dadurch erreicht,

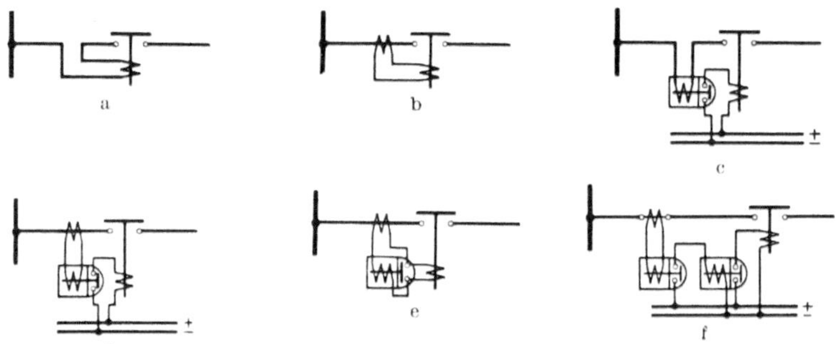

Abb. 38. Verschiedene Auslöse- und Relais-Anordnungen.
a Primärauslösung ohne Stromwandler, b Sekundärauslösung mit Stromwandler, c Primärauslösung mit Relais für Gleichstrombetätigung, d Sekundärauslösung mit Stromwandler und Relais für Gleichstrombetätigung, e Sekundärauslösung mit Stromwandler und Relais für Wandlerstrombetätigung, f Betätigung durch getrenntes Zeitrelais.

daß jeder Drosselspulenschalter durch besondere Hilfskontakte sein Kommando dem folgenden Schalter weitergibt und gleichzeitig sich selbst sperrt. Das hierbei als Indikator verwendete Blindleistungskompensationsrelais ist in Abb. 37 dargestellt.

Die **Störungen und Fehlerarten,** die in den elektrischen Anlagen vorkommen, sind sehr vielseitig. Wegen des starken Anwachsens der Leistungen unserer Kraftwerke und der Länge der Übertragungsstrecken während der letzten Jahrzehnte sind die Kurzschlüsse und Erdschlüsse im Augenblick am hervorstechendsten und werden daher in der Fachwelt am meisten diskutiert. Aber schon treten in neuester Zeit auch andere Schwierigkeiten, wie z. B. Pendelungen der Kraftwerke gegeneinander, deutlich in Erscheinung und erfordern energische Abhilfe. Als oberstes Schutzprinzip gegen alle Fehler in Starkstromanlagen gilt das Vorbeugen durch zweckmäßige Anordnung und richtige Betriebsführung.

Für trotzdem aufgetretene Störungen läßt sich als Indikator am einfachsten die Änderung von Spannung oder Strom benutzen.

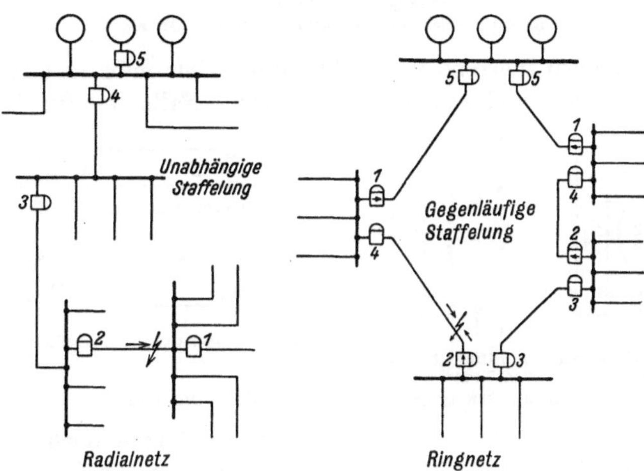

Abb. 39. Zeitstaffelung von Relais in Verteilungnetzen.

Abb. 38 zeigt im Schaltungsschema einige Auslöser- und Relaisanordnungen, wie sie für Niederspannungs und Hochspannungsanlagen der verschiedensten Leistung üblich sind. Ein anderes wichtiges Prinzip ist die zeitliche Staffelung der Relais, die in Abb. 39 an Hand eines Radialnetzes und eines Ringnetzes erläutert ist. Bei ersterem schützt man nur die abgehenden Leitungen und wählt eine vom Strom unabhängige Zeitstaffelung aller Schalter. Bei letzterem schützt man sämtliche Abzweige und staffelt die Auslösezeiten gegenläufig. Man ereicht so, daß beim Kurzschluß in irgendeiner Verbindungsleitung immer nur diese abgeschaltet wird, und der übrige Teil des Netzes gesund bleibt.

In Abb. 40 ist dargestellt, wie man Richtungsrelais, die die Strömungsrichtung der Kurzschlußleistung anzeigen, zu einer Verfeinerung derartiger Selektivschaltungen benutzen kann. Da sie bei vielen Selektivschaltungen notwendig sind, jedoch ihre Wirkung wegen mangelnder

Spannung verlieren, wenn der Kurzschluß ihnen sehr benachbart liegt, so pflegt man sie so zu schalten, daß das Relais im Fehlerfalle nicht

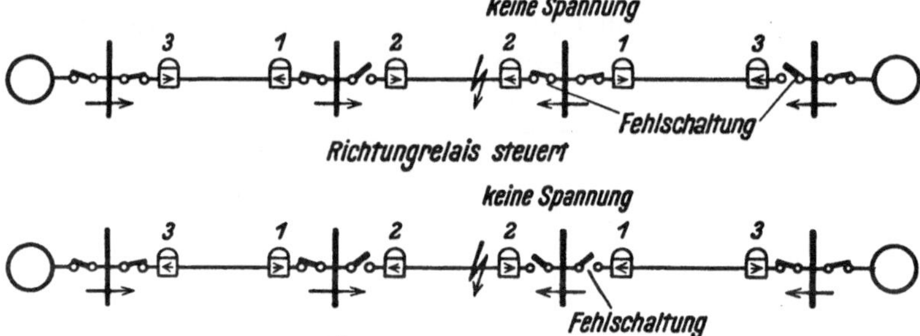

Abb. 40. Selektivschaltungen von Richtungsrelais.

steuernd, sondern sperrend wirkt. Alsdann erzielt man im allgemeinen richtiges Arbeiten und auch im ungünstigsten Falle eine für den prak-

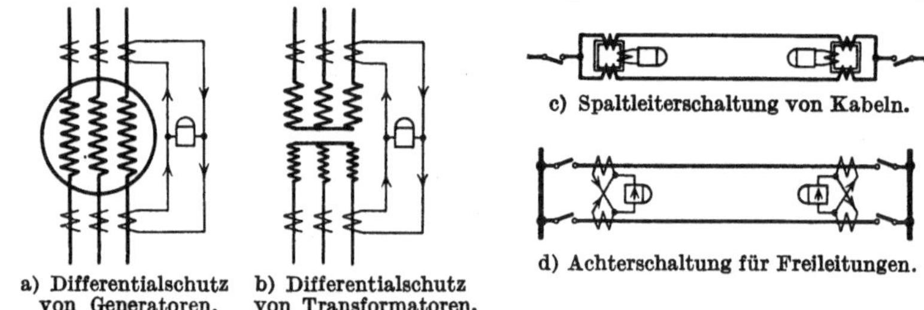
a) Differentialschutz von Generatoren. b) Differentialschutz von Transformatoren. c) Spaltleiterschaltung von Kabeln. d) Achterschaltung für Freileitungen.

Abb. 41. Schutz elektrischer Anlagen durch Differenzstrom.

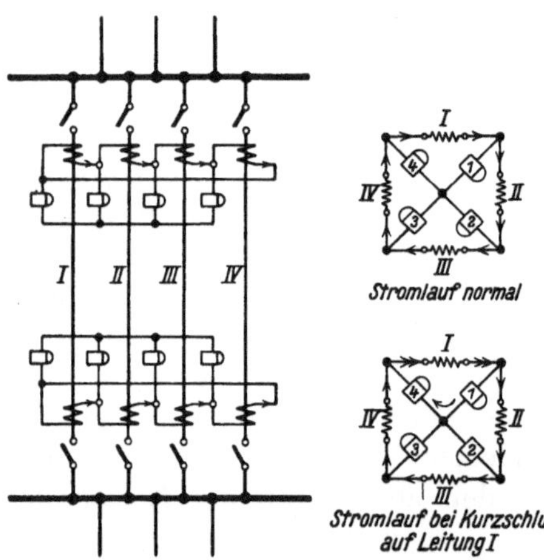

Abb. 42. Polygonschutz für Vielfachleitungen.

tischen Betrieb noch am leichtesten erträgliche Fehlschaltung. Man ersieht hieraus gleichzeitig, wie innig diese komplizierten Schaltungen mit der Anordnung und Betriebsführung der Starkstromanlagen verknüpft sind, und wieviel Raum zu weiteren Verbesserungen noch vorhanden ist.

Eine große Gruppe von Schutzschaltungen benutzt die bei Fehlern auftretende Stromdifferenz, so z. B. die in Abb. 41a u. b gezeichnete **Differentialschaltung** von Merz-Price, die die ein- und austretenden Ströme bei Transformatoren oder Generatoren vergleicht, das Spaltleitersystem nach Abb. 41c, das man für Kabel verwendet, die Achterschaltung nach Abb. 41d, die man auch für Freileitungen benutzt. In den beiden letzteren wird der Strom von parallelen Teilleitern verglichen. In allen Fällen stören be-

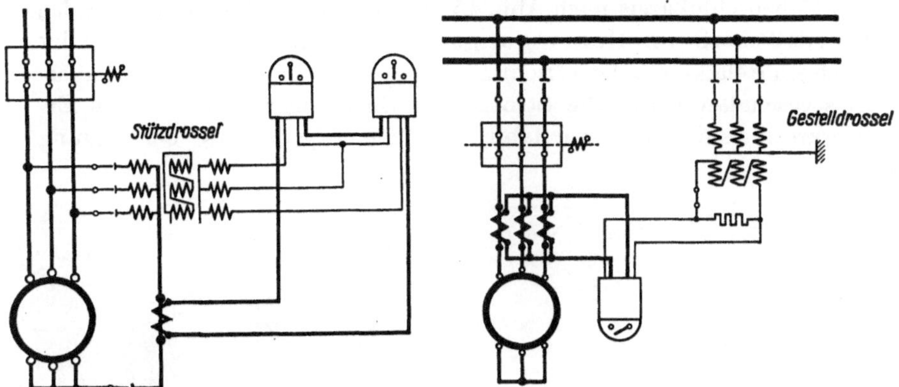

Abb. 43. Generatorschutz mit Stützdrossel für Windungsschlußschutz.

Abb. 44. Generatorschutz mit Gestelldrossel für Gestellschlußschutz.

stimmte Fehler durch Kurzschluß und Erdschluß das Gleichgewicht der Ströme und bringen so die Relais zum Auslösen der Ölschalter.

Für vielfache Speiseleitungen verwendet man gern das in Abb. 42 dargestellte Polygonschutzsystem, bei dem ein Fehler das Gleichgewicht aller parallelen Ströme stört und die Relais in den Diagonalen der Polygonschaltung der Stromwandler zum Ansprechen bringt.

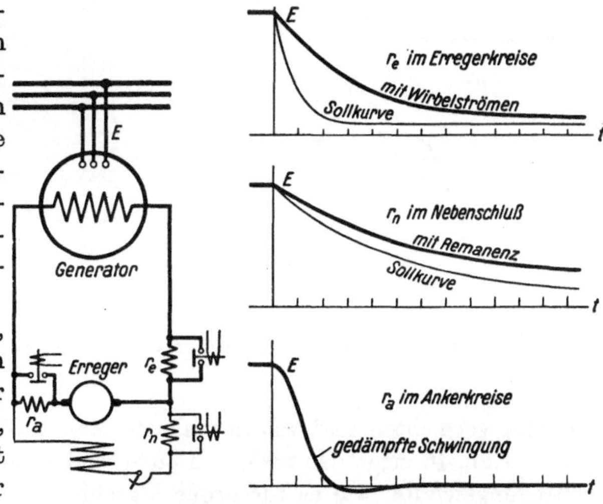

Abb. 45. Feldentregung von Generatoren im Erregerkreis, Nebenschlußkreis oder Ankerkreis.

Bei Generatoren, die die wichtigsten Betriebsmittel der Kraftwerke darstellen, sucht man möglichst jeden inneren Fehler zur Anzeige und zum selbsttätigen Abschalten zu bringen, und verwendet für den Windungsschluß eine Stützdrossel nach Abb. 43, die jede auch nur leise Sternpunktverlagerung kontrolliert, und eine Gestelldrossel nach Abb. 44, die auf jeden Erdschluß in der Maschine mit Hilfe angeschlossener Relais reagiert.

Man muß den Generator bei eintretendem Defekt sofort feldlos machen, um dadurch ein Weiterbrennen innerer Lichtbögen zu verhindern. Das früher übliche Einschalten von Widerstand in den Erregerkreis oder Nebenschlußkreis nach Abb. 45 gibt so lange Abklingzeiten für das Feld, daß eine Schnellentregungsmethode entwickelt wurde, bei der durch ein Relais ein kleiner, richtig bemessener Widerstand in den Ankerkreis geschaltet wird. Die Strom- und Spannungsverhältnisse im Erregerkreis werden dadurch labil, führen eine gedämpfte Schwingung

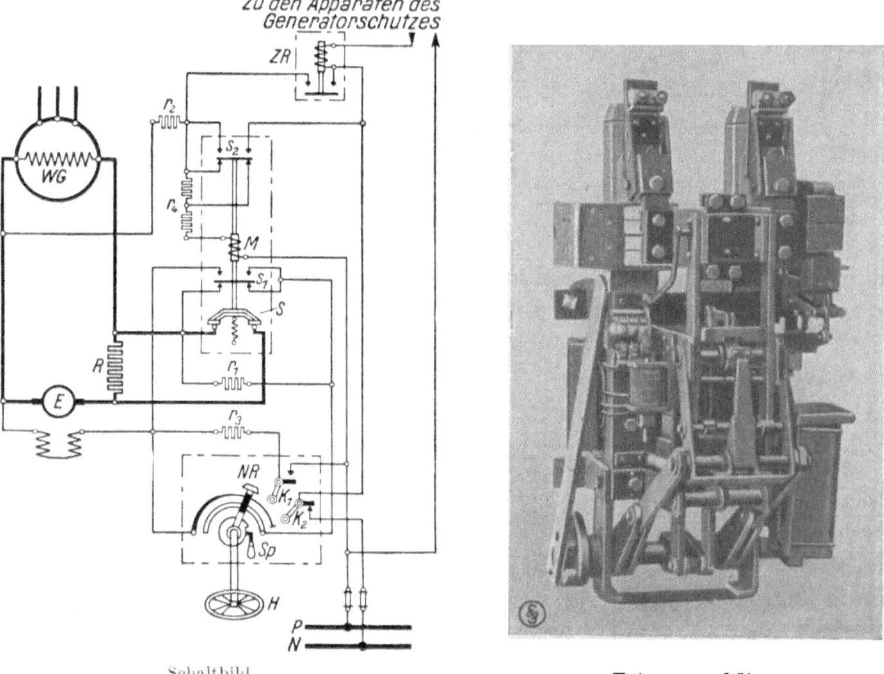

Schaltbild. Entregungsschütz.

Abb. 46. Schnellentregung von Generatoren mit Schwingungswiderstand.

aus und vernichten dadurch in kürzester Zeit das Hauptfeld des Generators. Abb. 46 zeigt das praktisch angewendete Schaltschema und das Entregungsschütz, wie es für große Maschinen verwendet wird.

Für Transformatoren hat sich in den letzten Jahren das Buchholzschutzsystem durchgesetzt, das in Abb. 47 in Schema und Ausführung dargestellt wird. Durch die bei jedem inneren Defekt auftretende Ölzersetztung und Gasbildung wird ein empfindlicher Schwimmer in der Ölleitung zum Ausdehnungsgefäß betätigt, der ein Signal oder die Hauptschalter zur Auslösung bringt.

Für die **Fernbetätigung von Schaltern und Maschinen** verwendet man als Ausgangselement vielfach Druckknöpfe, von denen aus über die verschiedensten Relaisstromkreise Anlasser oder Schlupfwiderstände, Nebenschlußregler, Haupt- und Hilfsschalter mit ihren Abhängigkeitskontakten betätigt werden. Abb. 48 zeigt das Schaltbild eines Papiermaschinenantriebes, dessen Antriebsmotoren auf diese Weise sämtlich durch wenige Druckknöpfe betätigt werden.

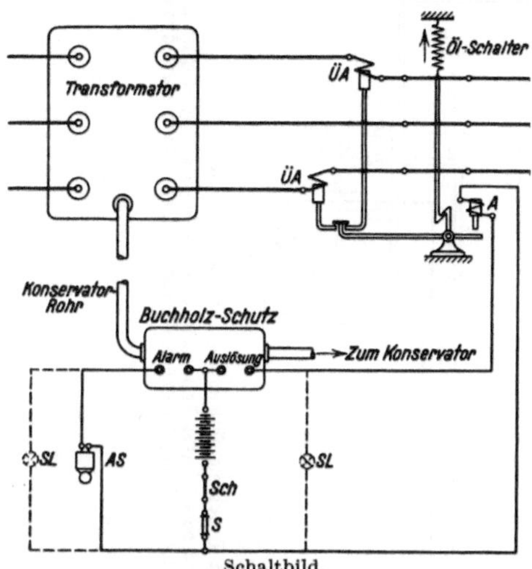

Schaltbild.

Gasrelais.

Einbau in die Ölleitung.

Abb. 47. Buchholzschutzsystem für Transformatoren.

Abb. 49 zeigt einen Relaisschrank, wie er für eine Werkzeugmaschine benutzt wird, die zentral vom Stand des Arbeiters aus durch Druckknöpfe ferngesteuert wird. Ein vereinfachtes Schaltbild für die Druckknopffernsteuerung einer Aufzugswinde stellt Abb. 50 dar. Hier ist durch ein Kopierwerk für die einzelnen Stockwerke noch ein Relaisverriegelungssystem eingeschaltet, das den einzelnen Haltepunkten des Aufzuges entspricht. Abb. 51 zeigt verschiedene Relaistafeln, wie sie für derartige leichte und schwere Aufzüge benutzt werden. Schließlich ist in Abb. 52 ein Apparategerüst mit seinen Relais, Schaltwalzen und Betätigungsmechanismen wiedergegeben, wie es für Gleichstrombahnen ausgeführt wurde, bei denen der ganze Zug mit seinen zahlreichen Motoren jeweils von einer Stelle aus zentral gesteuert wird.

Alle diese Anordnungen benötigen zwischen dem Druckknopf oder

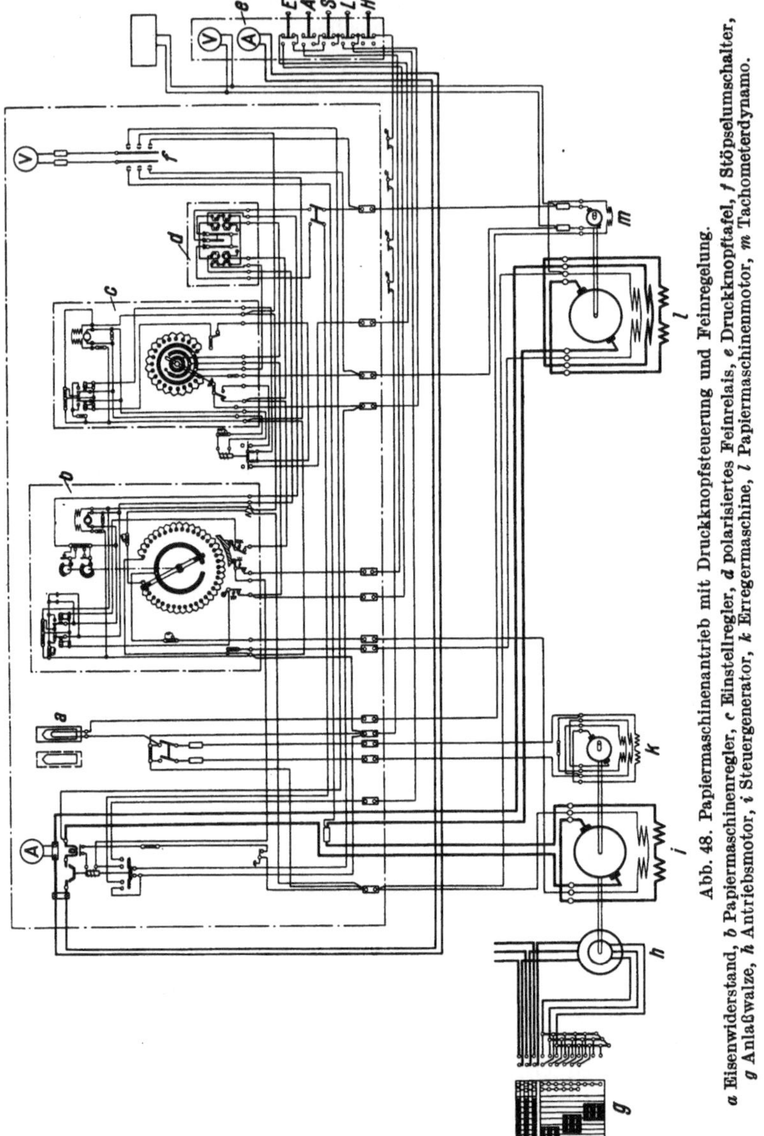

Abb. 48. Papiermaschinenantrieb mit Druckknopfsteuerung und Feinregelung.
a Eisenwiderstand, *b* Papiermaschinenregler, *c* Einstellregler, *d* polarisiertes Feinrelais, *e* Druckknopftafel, *f* Stöpselumschalter, *g* Anlaßwalze, *h* Antriebsmotor, *i* Steuergenerator, *k* Erregermaschine, *l* Papiermaschinenmotor, *m* Tachometerdynamo.

der Schaltwalze, die als Geber dient, und der Betätigungsapparatur für die Schalter und Maschinen etwa so viel Drähte, als Kommandos gegeben werden. Für geringe und mäßige Entfernung ist dieses Vieldrahtsystem nach Abb. 53a natürlich das einfachste. Auch für erhebliche Entfernungen bis zu etlichen Kilometern kann man dieses System mit Nutzen ausführen, es erfordert lediglich die Verbindung der beiden Stationen durch ein mehradriges Kabel, dessen Aderzahl der meist begrenzten Zahl der Kommandos entspricht. Für sehr große Entfernungen jedoch, wie sie neuerdings hier und da in Frage kommen, würden diese Kabel zu teuer, und man muß sich der in der Fernmeldetechnik ausgebildeten Methoden bedienen, bei denen zahlreiche Kommandos durch ein, zwei oder drei Drähte übertragen werden. Hier kommen entsprechend Abb. 53b u. c die Systeme der synchronen Schaltwalzen, der Schrittschaltwerke usw. in Anwendung. Beim erstgenannten System sind nur 2 Leitungen zur Übertragung erforderlich, die Zeit zur Übermittlung der Kommandos ist ungünstigstenfalls gleich der Umlaufzeit der Schaltwalzen. Beim Schrittschaltwerk trennt man zweckmäßigerweise das Ruforgan und Steuerorgan, wofür man noch eine weitere Verbindung braucht, und führt zur größeren Sicherheit eine Rückmeldung des übertragenen Kommandos aus.

Abb. 49. Relaisschrank für Druckknopfsteuerung von Werkzeugmaschinen.

Für die Übertragung der Kommandos auf größere Entfernung stehen ebenfalls etliche Systeme aus der Fernmeldetechnik zur Verfügung, die in Abb. 54 dargestellt sind. Beim Eindrahtsystem mit Rückleitung durch die Erde besteht die Gefahr der Störung durch parasitäre Erdströme. Beim Zweidrahtsystem wird man anstatt der einfachen positiven Impulse stets plus-minus-Impulse geben und erhöht dadurch die Störungsfreiheit erheblich. Durch ein Dreidrahtsystem kann man die Einschalt- und Ausschaltimpulse über getrennte Leitungen führen und verstärkt dadurch die Sicherheit gegen Drahtbruch. Außer den einfachen Drahtübertragungen kann man nach Abb. 54 auch die Hochfrequenzvermittlung über Leitungen oder gar ganz drahtlos in vielen verschiedenen Varianten benutzen. Abb. 55 zeigt für ein derartiges System die Prinzipschaltung und ein Resonanzrelais, das auf Mittelfrequenzimpulse anspricht, die einem Kraftverteilungsnetz übergelagert werden, und das zu gegebener Zeit die Umschaltung von Zählern auf verschiedenartige Tarife vornimmt.

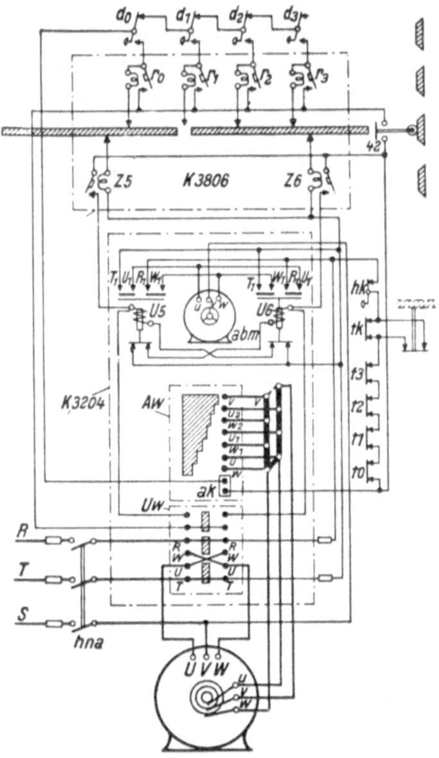

Abb. 50. Elektrischer Antrieb einer Aufzugswinde mit Druckknopfsteuerung.

K 3204 Aufzugsanlasser, *K 3806* Kopierwerk, *hna* Hauptschalter, *hk* Haltknopf, *tk*, *t3*, *t2*, *t1*, *t0* Türkontakte, *ak* Abhängigkeitskontakt, d_0, d_1, d_2, d_3 Druckknöpfe, r_0, r_1, r_2, r_3 Relais im Kopierwerk, *Z 5*, *Z 6* Zwischenrelais im Kopierwerk, *U 5*, *U 6* Umschalt-Relais, *abm* Hilfsmotor, *Uw* Umschalterwalze, *Aw* Anlaßwalze.

Abb. 51a.

Abb. 51b.

Abb. 51c.

Abb. 51. Verschiedene Relaistafeln für Fernsteuerung von Aufzügen.

Eines der großen Zukunftsgebiete für Relaisanordnungen, in dessen Kinderstube wir heute erst stehen, ist die bedienungslose oder **selbsttätige Steuerung** aller Schalter- und Maschinenanlagen.

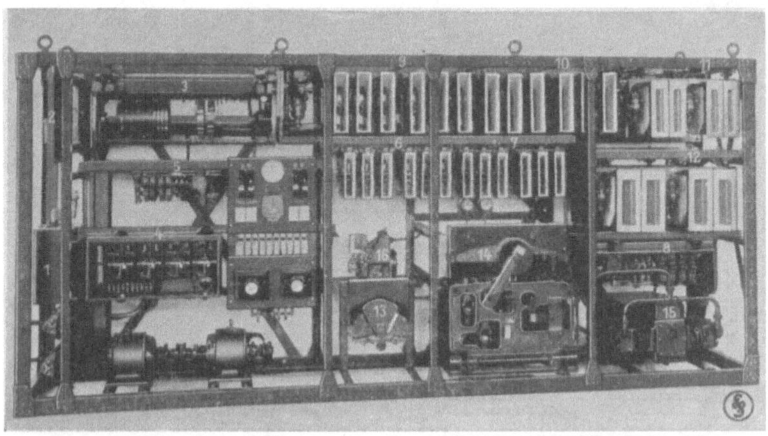

Abb. 52. Apparategerüst für die selbsttätige Fernsteuerung von Gleichstrombahnen.

In Abb. 56 sind verschiedene Elementarvorgänge dargestellt, mit deren Hilfe man derartige Probleme beherrscht. Wenn man z. B. einen Motorgenerator drehstromseitig anlassen und auch gleichstromseitig

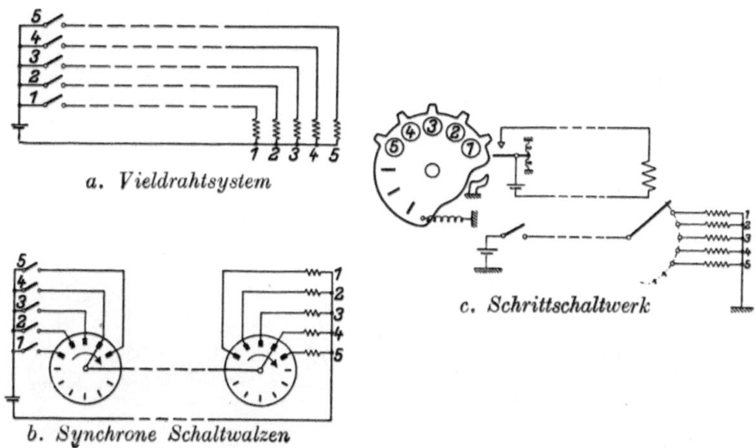

Abb. 53. Systeme für Mehrfachsteuerung zwischen Kommandostelle und zahlreichen Schaltstellen.

richtig ans Netz schalten will, so kann man sich zur Erkenntnis der richtigen Bedingungen während des Hochlaufens eines Zentrifugalkontaktes an der Welle des Umformers bedienen, der den Gleichstromschalter bei einer bestimmten Drehzahl einlegt. Dies stellt eine mechanische Folgeschaltung dar. Man kann aber auch eine elektrische Folgeschaltung anwenden, indem man ein Spannungsrelais von der

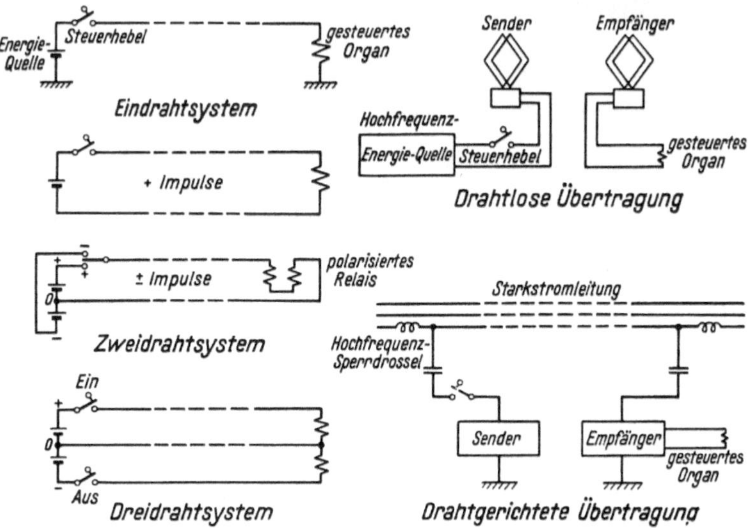

Abb. 54. Übertragungssysteme für Fernbetätigung zwischen Kommandostelle und Schaltstelle.

anwachsenden Spannung des Gleichstromgenerators aus betätigen läßt. Auch hierdurch läßt sich der richtige Schaltmoment erzielen.

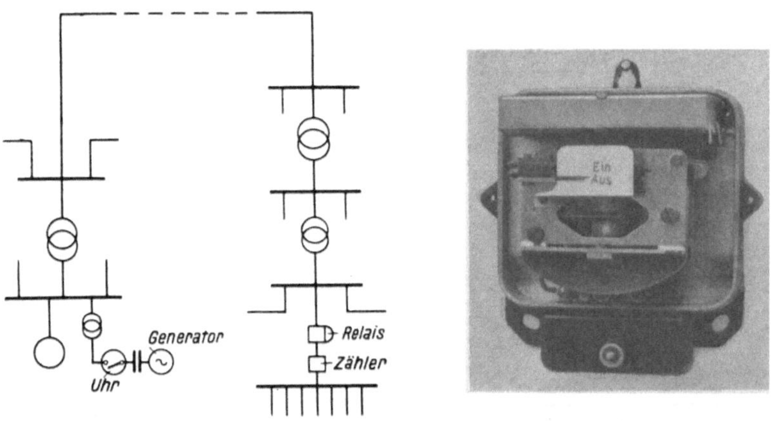

Schaltbild. Frequenzrelais.

Abb. 55. Fernsteuerung von Mehrfachtarifzählern.

Schließlich kann man den ganzen Anlaß- und Einschaltprozeß von einer motorisch angetriebenen Meisterwalze aus betätigen, wobei man zweckmäßigerweise der Sicherheit halber noch die richtige

Ankerspannung durch ein elektrisches Element überwacht. Es ist bei Benutzung solcher Meisterwalzen notwendig, eine Sperrung ihres Umlaufs vorzunehmen, sowie irgendeine Störung im System auf-

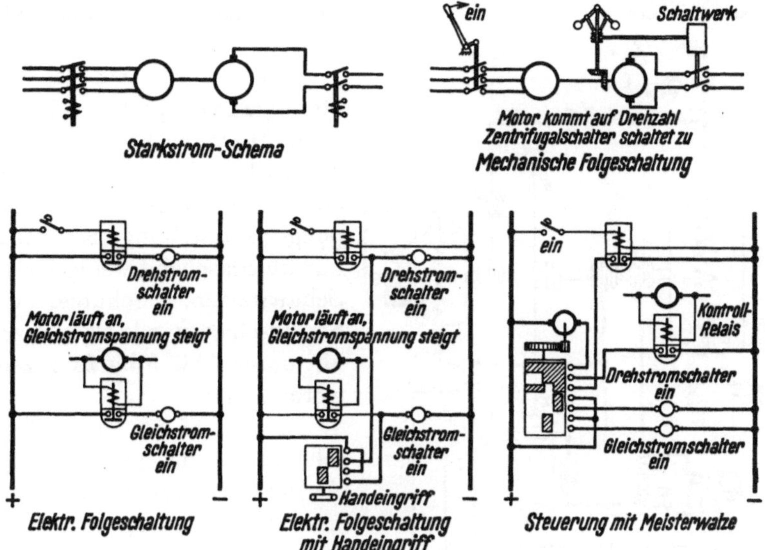

Abb. 56. Prinzip der selbsttätigen Steuerung eines Motorgenerators.

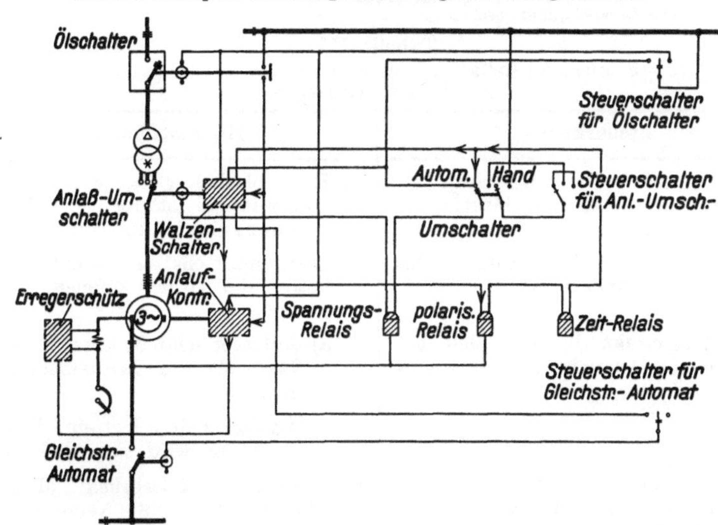

Abb. 57. Prinzipschaltbild des selbsttätigen Anlassens von Einankerumformern in einpoliger Darstellung.

tritt, damit durch den anderenfalls zwangsweisen Ablauf kein großer Schaden entsteht. Ferner ist es zweckmäßig, Zusatzschaltungen anzuwenden, durch die unbeschadet des regulären selbsttätigen Ablaufs jederzeit ein Eingreifen von Hand möglich ist, so daß man jeden der fortlaufenden Schaltvorgänge auch willkürlich vornehmen kann. Abb. 56 zeigt, wie dies mit einfachen Mitteln möglich ist.

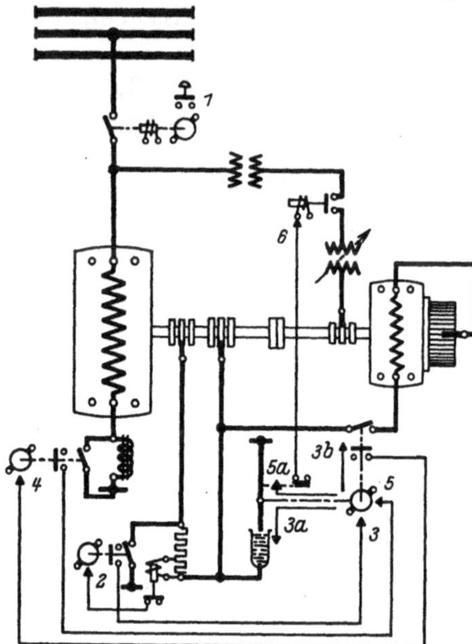

Abb. 58. Selbsttätige Anlaßsteuerung einer asynchronen Blindleistungsmaschine.

Wie einfach sich das vollständige Prinzipschema für das selbsttätige Anlassen von Einanker-Umformern gestaltet, zeigt Abb. 57 in einpoliger Darstellung. Es enthält nur überraschend wenig Relais, Schaltwalzen, Schütze und Steuerschalter, wie sie alle vorhin unter Abb. 3 bis 31 gezeigt worden sind.

In Abb. 58 ist das Schaltschema für das selbsttätige Anlassen einer Asynchronmaschine einpolig dargestellt, das ebenfalls nur wenige Re-

Tabelle IV.
Schaltfolge zur Anlaßsteuerung der Blindleistungsmaschine nach Abbildung 58.

Steuerkreis	Hauptstromkreis
1. Kommandoschalter wird eingelegt, Antrieb des Ölschalters läuft.	1. Hauptölschalter legt ein, Maschine läuft mit Widerständen hoch, Läuferspannung sinkt, Läuferrelais fällt ab.
2. Läuferrelais schaltet Antrieb des Sternpunktschalters ein.	2. Sternpunktschalter schließt und verkettet die vorher offenen Läuferphasen.
3. Schalterkontakt betätigt den gemeinsamen Antrieb für Anlaß- und Läuferschalter.	3. a) Anlasser schließt kurz, Maschine läuft bis auf Leerlaufsdrehzahl hoch. b) Läuferschalter legt ein, Erregermaschine wird zugeschaltet.
4. Hilfskontakt am Läuferschalter speist den Antrieb für Drosselkurzschließer.	4. Drossel wird überbrückt, Maschine übernimmt die volle Netzspannung.
5. Kontakt am Drosselschalter veranlaßt Rücklauf des Anlassermotors.	5. Anlasser läuft zurück, seine Sicheln tauchen aus, der Kurzschluß im Läuferkreis wird geöffnet.
6. Anlasserkontakt betätigt Erregerschütz.	6. Erregung wird eingeschaltet, Maschine ist im Betrieb.

lais enthält, und Tabelle IV stellt die aufeinanderfolgenden Schaltbetätigungen in dieser Anlage dar.

Bei komplizierteren selbsttätigen Steuerungen wird man sich noch weiterer Elemente bedienen, die wir bereits in den vorhergehenden Ausführungen gestreift haben. In Abb. 59 ist ein selbsttätiger Netz-

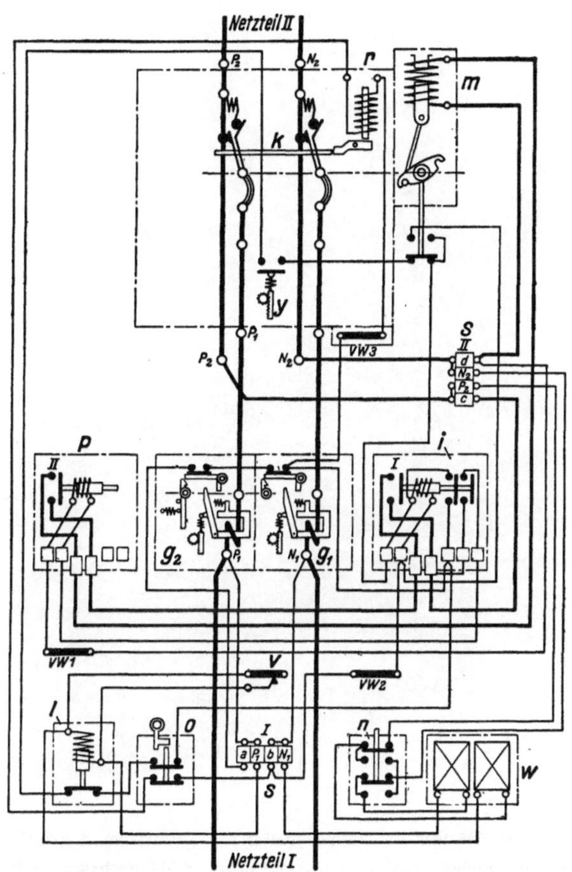

Abb. 59a. Selbsttätiger Netzkuppelschalter für Gleichstrom, Schaltbild.

k Fernschalter mit Spannungsauslöser *r*, Schaltmagnet *m* und Beruhigungsrelais *y*, *i* und *p* Schütze, g_2 g_1 Überstromzeitrelais, *l* Spannungsdifferenzrelais, *w* veränderlicher Vorschaltwiderstand zu *l*, *n* Druckknopf, *o* Druckknopf für Schlüsselbetätigung, *v* Schiebewiderstand, *s* Sicherungen.

kuppelschalter für vermaschte Gleichstromnetze dargestellt, der im Falle einer Störung das Maschennetz in ein oder mehrere Radialnetze auftrennt und dieselben nach Abschaltung der fehlerhaften Strecke durch Abtasten der Spannungen an den Leitungsenden erst ganz allmählich wieder zusammenschaltet in dem Maße, wie die Umformerstationen bei ihrem Wiederinbetriebkommen ausreichenden Gleichstrom nachliefern können. Die hierfür benötigte Apparatur setzt sich, wie Abb. 59 ebenfalls zeigt, aus den früher im einzelnen dargestellten Relais und Schützen zusammen.

Abb. 59b. Selbsttätiger Netzkuppelschalter für Gleichstrom, Apparatetafel.

a Fernschalter, *b* Funkenschutzkappen, *c* Kontaktbürste, *d* Meldeschalter, *e* Beruhigungrelais, *f* Schütz, *g* Überstrom-Zeitrelais, *h* Spannungsdifferenz-Relais, *i* Druckknopf für Schlüsselbetätigung, *k* Schaltmagnet, *l* Spannungsauslöser, *m* Schaltschloß, *n* Schütz, *o* Überstrom-Zeitrelais, *p* Vorschaltwiderstand, *q* Druckknopf, *r* Schiebewiderstand.

Aus der Fülle der selbsttätigen Steuerungen sei noch ein Hobelmaschinenantrieb herausgegriffen, dessen Prinzipschema in Abb. 60 dargestellt ist. Durch eine Reihe mechanischer und elektrischer Folgeschaltungen, die in Tabelle V im einzelnen erläutert sind, werden alle Schalthandlungen selbsttätig ausgeführt, die für das dauernde Spiel der Hobelmaschine erforderlich sind.

Tabelle V.
Schaltfolge zur Hobelmaschinensteuerung nach Abbildung 60.

Steuerkreis	Hauptstromkreis
Anlassen	
1. Druckknopf wird betätigt, Hauptschütz HS schaltet ein	1. Nebenschlußfeld wird eingeschaltet (über Feldschütz FS)
2. Vorwärtsschütz VS schaltet ein (mechan. Folge MU)	2. Ankerstrom wird eingeschaltet (über 3 Anlaßschütze, elektr. Folge)
3. Feldschütz FS fällt ab (elektr. Folge)	3. Feldwiderstand ER eingeschaltet (Drehzahlregulierung)
Bremsen	
4. Mech. Umschalter schaltet um, Vorwärtsschütz VS fällt ab	4. Ankerstrom wird abgeschaltet
5. Feldschütz FS schaltet ein (elektr. Folge)	5. Feldwiderstand FR wird ausgeschaltet
6. Bremsschütz BS schaltet ein (elektr. Folge)	6. Anker ist kurzgeschlossen.

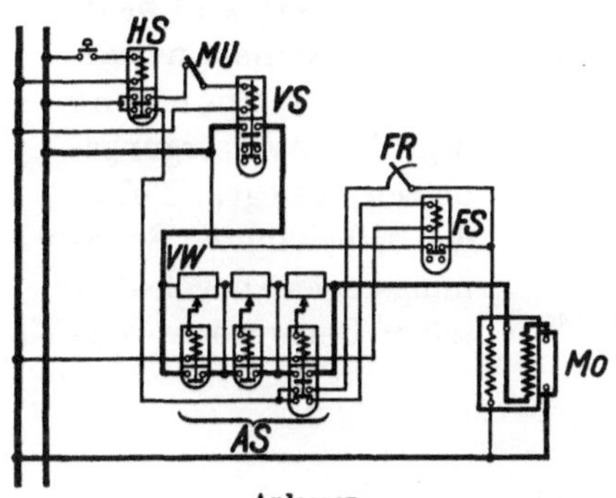

Anlassen.

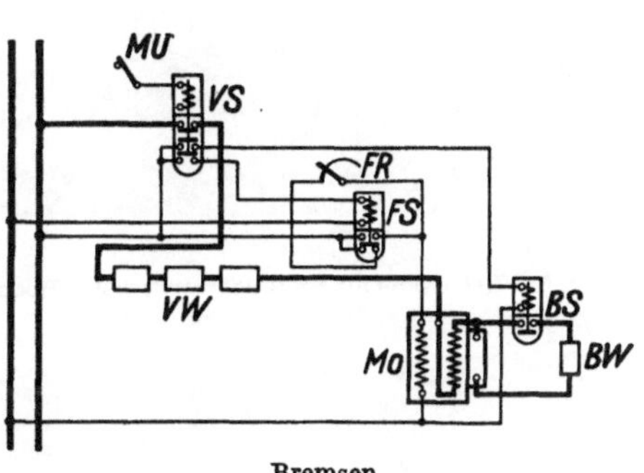

Bremsen.

Abb. 60. Schema zur Steuerung einer Hobelmaschine.
HS Hauptschütz, *VS* Vorwärtsschütz, *FS* Feldschütz, *VW* Vorschaltwiderstand, *FR* Feldregler, *AS* Anlaßschütz, *MU* Mech. Umschalter, *Mo* Motor.

5. Ausführungsbeispiele.

Die folgenden Abbildungen 61 bis 124 zeigen eine kleine Auswahl von ausgeführten Anlagen aus den letzten Jahren, bei denen Starkstromeinrichtungen der verschiedensten Art mit Relais oder äquivalenten Apparaten gesteuert werden. Zum Teil sind Prinzipschemas, zum Teil ausführliche Schaltungsschemas dargestellt, sowohl für einfache, leicht zu übersehende, wie auch für hochkomplizierte Anordnungen, die das Resultat langer Entwicklungsreihen darstellen. Daneben sind eine größere Zahl der steuernden und gesteuerten Einzelteile im Bild wiedergegeben, so daß man einen gewissen Überblick über den Umfang der Einzelanlage, wie auch des gesamten Gebietes, erhält. Wir wollen uns dabei in der Reihenfolge an das Schema des

Energieflusses nach Tabelle I halten, und werden außerdem die vier großen Steuerungsgebiete der Regelung, der Schutzsysteme, der Fernbetätigung und der selbsttätigen Steuerung nacheinander behandeln.

Abb. 61. Relaistafel für ein Heizkraftwerk mit Hochdruckkessel.

Die **Regelung** von modernen Kesselanlagen mit ihren verschiedenen Bedienungselementen, wie Brennstoffzufuhr, Luft- und Wasserzufuhr usw., erfolgt entweder von einer zentralen Warte aus, oder sogar automatisch. Abb. 61 stellt die Relaistafel für einen derartigen Hochdruckkessel dar. Großer Wert wird heute auf die Konstanthaltung der Spannung in größeren Versorgungsnetzen gelegt. Neben den altbekannten Spannungsreglern der elektrischen Generatoren ver-

Abb. 62. Reguliertransformator für elektrische Glühöfen mit angebautem Stufenschalter.

wendet man *Zusatz- und Absatztransformatoren*, die automatisch betätigt werden. Abb. 62 stellt einen kleinen derartigen Stufentransforma-

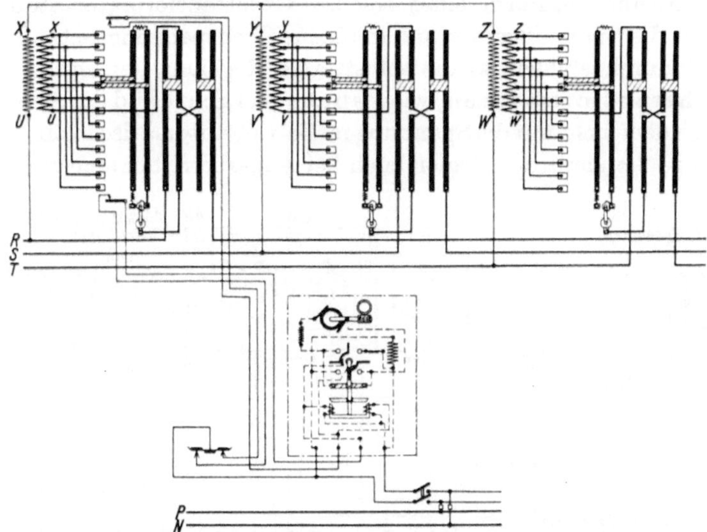

Abb. 63. Spannungsregelung in Drehstromanlagen durch dreipolige automatische Stufenschalter.

Abb. 64. Dreipoliger Stufentransformator für selbsttätige Spannungsregelung in 8 Stufen.

tor mit Anzapfungen dar. Abb. 63 gibt das Schaltungs- und Steuerungsschema eines selbsttätig geregelten Stufentransformators, und Abb. 64 zeigt eine Ausführungsform eines solchen Großtransformator-Stufenschalters für die Spannungsregelung in einem Hochspannungsnetz. Sehr weitgehend durchgebildet ist die selbsttätige Regelung der Spannung durch Drehtransformatoren, wie man aus dem Schaltbild der Abb. 65 ersieht, nach dem nicht nur die Spannung im Betrieb automatisch konstant gehalten wird, sondern der Regler auch bei Außerbetriebnahme auf die

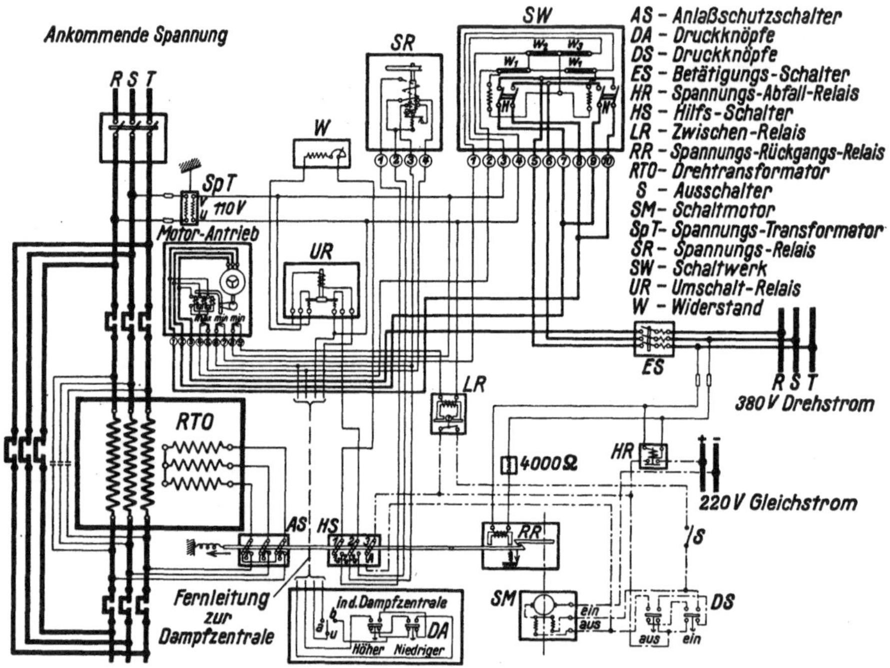

Abb. 65. Drehtransformatorschaltung mit selbsttätiger Regelung auf konstante Spannung und selbsttätiger Rückstellung bei Stromunterbrechung.

niedrigste Spannungsstufe zurückläuft, um bei einer späteren Wiederinbetriebnahme nicht eine schädliche Spannungserhöhung zu verursachen.

In Abb. 66 sind einige elektrische Glühöfen dargestellt, deren Spannung und Temperatur nach dem Schaltschema der Abb. 67 sehr genau eingeregelt wird. Dies kann man entweder durch einen vorgeschalteten Reguliertransformator oder durch absatzweises Ein- und Ausschalten der Heizwiderstände bewirken. In Abb. 68 ist die selbsttätige Einstellvorrichtung für große Elektroden schwerer Lichtbogenöfen dargestellt, welche von Motoren mit Schneckenantrieb betätigt wird, die ihrerseits durch Schütze und Relais ohne Eingriff von Hand gesteuert werden.

Recht viel Entwicklungsarbeit ist auf die Regelung der Drehzahl von Papiermaschinen verwendet worden, die in außerordentlich

Abb. 66. Elektrische Blankglüh-Schachtöfen mit Regelungstafel.

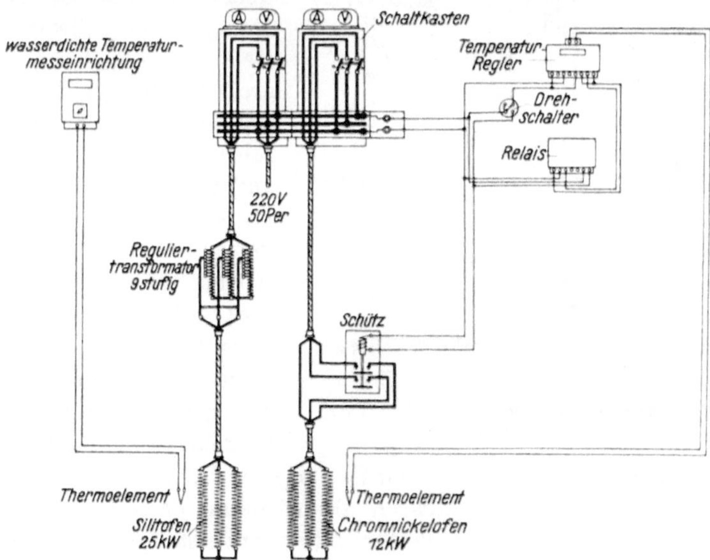

Abb. 67. Selbsttätige Spannungs- und Temperaturregelung für elektrische Glühöfen.

hohem Grade konstant gehalten werden muß. Abb. 69 stellt das Schema einer selbsttätigen Papiermaschinenregelung dar, in der durch eine

Elektrodenantrieb. Relaistafel.

Abb. 68. Selbsttätige Elektrodenregelung von Lichtbogenöfen.

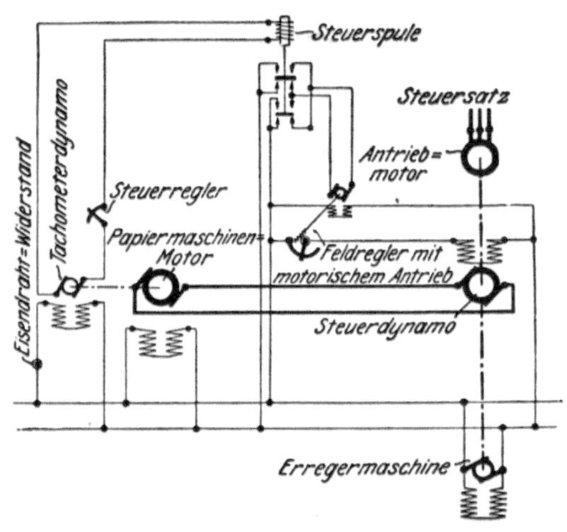

Abb. 69. Papiermaschinenantrieb mit selbsttätiger Drehzahlregelung.

hochempfindliche Tachometerdynamo die Drehzahl überwacht und bei Abweichungen vom Sollwert durch Relais und Feldregler mit großer Genauigkeit auf den richtigen Betrag zurückgeführt wird. Abb. 70 zeigt ein anderes Beispiel aus dem Gebiete der Papierfabrikation, nämlich das Schaltschema für den Motor eines Holzschleifers, dessen Anpreßdruck selbsttätig so geregelt wird, daß er stets die gleiche Leistung verbraucht. Aus den Bergwerksbetrieben stellt Abb. 71 einen Ventilator für die Bewetterung dar, der durch einen regelbaren Drehstrommotor angetrieben und von einer Tachometermaschine durch Bürstenverstellung stets auf die jeweils gewünschte Drehzahl eingestellt wird.

Bei den **Schutzsystemen gegen Fehler** spielt die Sicherung der elektrischen Generatoranlage mit die wichtigste Rolle, weil man die

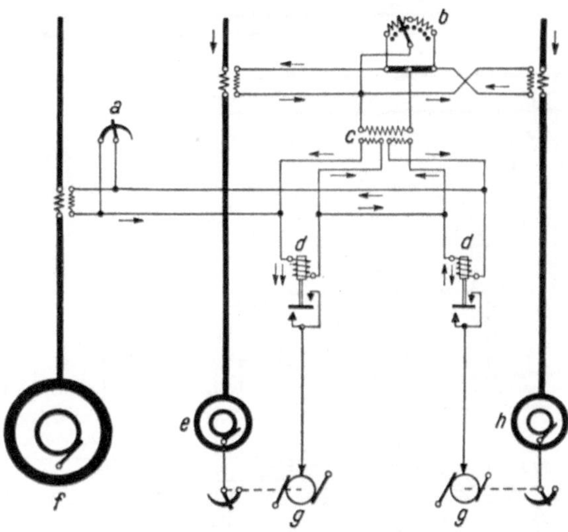

Abb. 70. Selbsttätige Leistungsregelung eines Schleifermotors mit Lastausgleich. *a* Einstellregler, *b* Regler für Lastverteilung, *c* Stromwandler, *d* Hilfsschütz (Relais), *e* u. *h* Vorschubmotoren, *f* Schleifermotor, *g* Hilfsmotor.

Abb. 71. Drehstrom-Reihenschlußmotor für Ventilatorantrieb mit selbsttätiger Drehzahlregelung durch Tachometerdynamo und Bürstenverschiebung.

Erzeugungsstätten der Energie unter allen Umständen betriebsfähig halten will. Abb. 72 zeigt ein ziemlich vollständiges Schema für eine moderne Generatorschutzeinrichtung, die jeden Fehler in dieser Maschine zur Anzeige bringt, und sie bei ernsten Defekten sofort selbst-

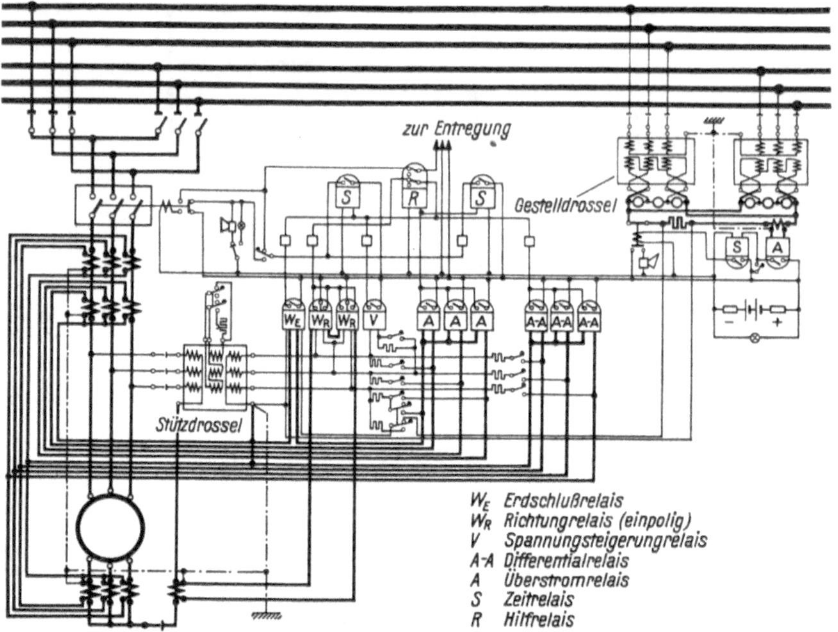

Abb. 72. Schaltbild für eine vollständige Generatorschutzeinrichtung bei Doppelsammelschienen.

Vorderansicht.

Rückansicht.

Abb. 73. Relaistafel für den Schutz von drei Generatoren.

tätig außer Betrieb nimmt. In Abb. 73 ist die Anordnung der verschiedenen Relais auf Vorder- und Rückseite der Tafeln für ein Kraftwerk mit drei Generatoren dargestellt. Man sieht, daß die Anlage praktisch nicht so kompliziert ist, wie sie theoretisch auf dem Schaltbild aussieht.

Transformatoren halten mäßige Überlastung eine gewisse Zeit aus, dagegen sind sie der bei starken Überlastungen auftretenden Wärmewirkung nicht gewachsen. Man schützt sie deshalb vielfach durch Relais, die auf das Quadrat des Überschußstromes über ihren Nennstrom reagieren, und sie je nach dessen Stärke nach einer gewissen Zeit zum Abschalten bringen. Ein solches Überlastrelais nebst seiner inneren Schaltung ist in Abb. 74 wiedergegeben.

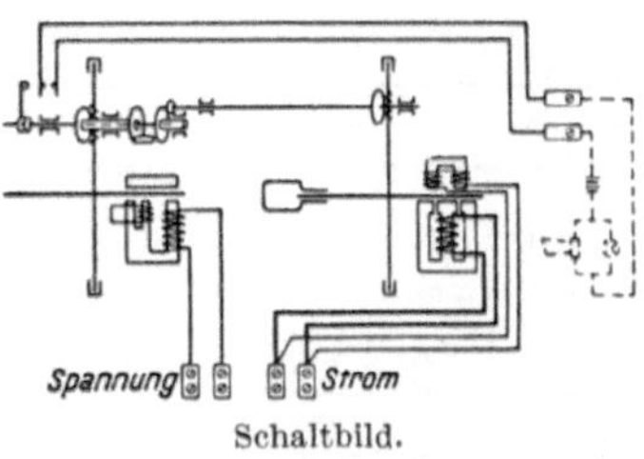

Schaltbild.

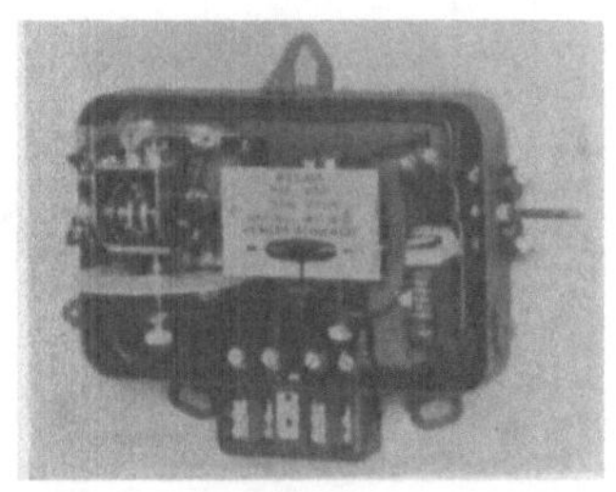

Relais.

Abb. 74. Überlastrelais zum Schutz von Transformatoren und Leitungen.

Eines erheblichen Schutzes bedürfen auch Fernleitungen und Speiseleitungen, damit ihre Störungen den Betrieb des Netzes nicht über den Haufen werfen. Abb. 75 zeigt das vollständige Apparateschema eines Achter-

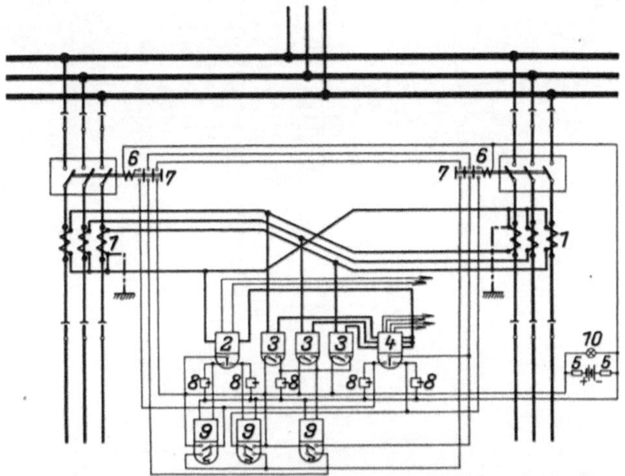

Abb. 75. Dreipoliger Achterschutz für zwei parallele Leitungen mit Auslösung bei Erdschluß. *1* Stromwandler, *2* Erdschlußrelais, *3* Überstromrelais, *4* Richtungrelais, *5* Sicherungen, *6* Auslöser, *7* Kontaktwalzen, *8* Fallklappen, *9* Zeitrelais, *10* Lampe.

schutzes für zwei parallele Speiseleitungen, Abb. 76 das eines Polygonschutzes für drei parallele Speiseleitungen. Die jeweils kranke Leitung wird bei Kurzschluß, Erdschluß, Leiterbruch, Überlastung oder Sammelschienenkurzschluß zum selbsttätigen Abschalten auf beiden Seiten gebracht. Abb. 77 gibt die Schaltseite der Relaistafel für einen derartigen Selektivschutz wieder. Den Anschluß der

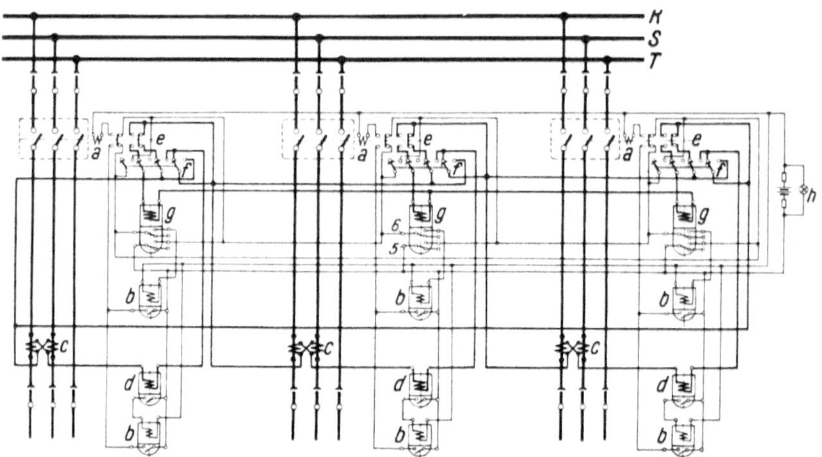

Abb. 76. Polygonschutz für drei parallele Leitungen mit Auslösung bei Kurzschluß, Erdschluß, Leiterbruch, Überlastung und Sammelschienenkurzschluß.
a Auslöser, *b* Zeitrelais, *c* Stromwandler, *d* Maximalstromrelais, *e* Kontaktwalze am Ölschalter, *f* Umschalter (vierpolig), *g* Polygonrelais, *h* Kontrollampe.

Abb. 77. Rückseite einer Relaistafel für Selektivschutz von Leitungen.

modernen Impedanzrelais zur Erfassung von Leitungsstörungen zeigt Abb. 78, während Abb. 79 ein äußeres Bild solcher Relais wiedergibt.

Auch auf dem Gebiete des Energieverbrauchs durch Motoren werden zahlreiche Schutzeinrichtungen eingebaut. Abb. 80 stellt das relativ

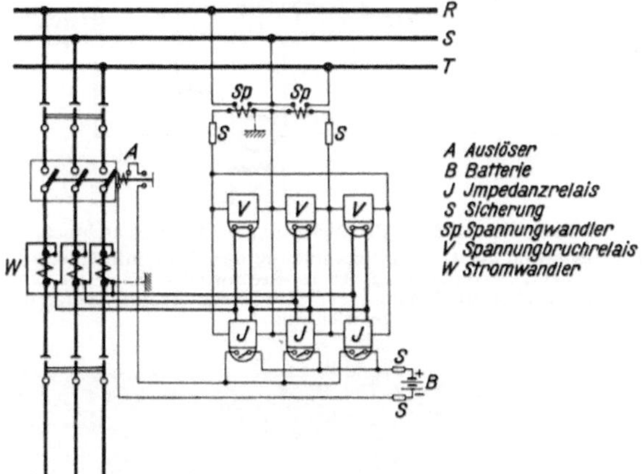

Abb. 78. Selektivschutz mit Impedanzrelais für eine Drehstrom-Einfachleitung.

einfache Schema eines Fahrtreglers für Fördermaschinen dar, die ihre Höchstgeschwindigkeit und ihre Endstellung nicht überschreiten dürfen. Abb. 81 gibt das Bild eines ähnlichen Teufenzeigers für eine

Abb. 79. Relaistafel für den Distanzschutz eines Drehstromleitungsendes.

Begichtungsanlage. Große Walzwerksmotoren dürfen durch zu kühle und zu zähe Walzblöcke nicht zu stark überlastet werden, weshalb man sie nach dem Schema der Abb. 82 derart schützt, daß bei niederen Geschwindigkeiten ein großer, bei hohen Geschwindigkeiten

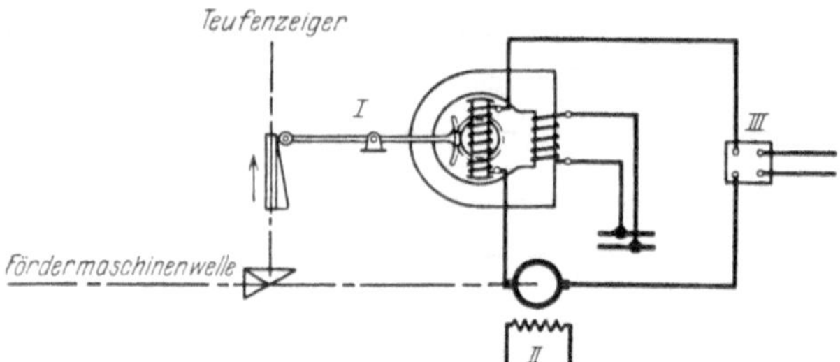

Abb. 80. Elektrische Fahrtreglereinrichtung für Fördermaschinen.
I Darstellung der Soll-Geschwindigkeit durch Veränderung des Kraftlinienflusses durch den vom Teufenzeiger verstellten Anker, *II* Darstellung der Ist-Geschwindigkeit durch eine von der Fördermaschine angetriebene Tachometerdynamo, *III* Relais zur Beeinflussung der Brems- oder Steuereinrichtung.

Abb. 81. Fahrt- und Teufenzeiger für Begichtungsanlage.

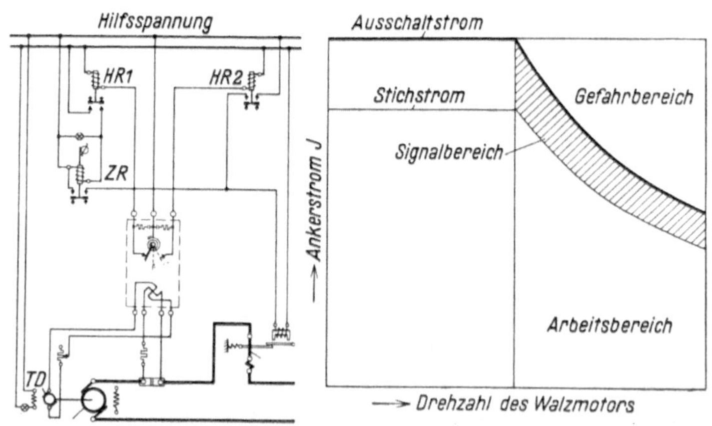

Prinzipschaltbild. Wirkungsweise.

Abb. 82. Strombegrenzungsrelais für regelbare Gleichstrommotoren.
HR 1, 2 Relais, *ZR* Zitterrelais, *TD* Tachometerdynamo.

jedoch ein abnehmender Strom zur Auslösung des Hauptschalters führt. Abb. 83 gibt das Schema und die Ausführungsform eines Motorschutzschalters, der einen Wärmeauslöser gegen Überlastung und einen Spannungsrückgangsauslöser gegen das Fortbleiben der Betriebsspannung besitzt.

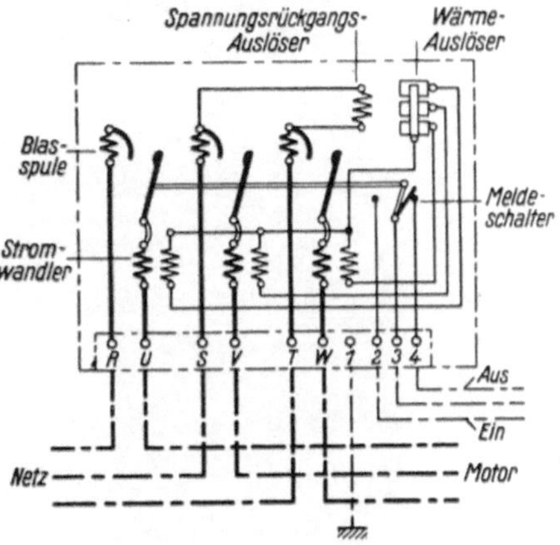

Abb. 83a. Prinzipschaltbild.

Für die **Fernbetätigung von Maschinen und Apparaten** zeigt Abb. 84 einen älteren Großgleichrichter mit Pumpenaggregat, und Abb. 85 ein Schaltschema, nach dem solche Gleichrichter in bedienungslosen Unterwerken ferngesteuert werden können. Abb. 86 stellt einen ferngesteuerten Ölschalterantrieb dar, wie er heute für Hochspannungs- und Hochleistungsanlagen vielfach benutzt wird, bei denen die

Abb. 83b. Zusammenbau.

Abb. 83. Motorschutzschalter mit Wärmeauslöser und Spannungsrückgangsauslöser. *a* Schaltstücke, *b* Funkenkamin, *c* Blaseisen, *d* Einstellfeder für Kurzschlußauslösung, *e* Einstellskala für Wärmeauslösung, *f* Klemmenleiste, *g* Spannungsauslöser, *h* Wärmeauslöser, *i* Handgriff, *k* Meldeschalter, *l* Schaltschloß, *m* Schild zum Anzeigen der Schalterstellung.

Schalter viele hundert Meter von der Bedienungswarte entfernt stehen können. Bei Gleichstromnetzen pflegt man sogar die Speiseschalter

Abb. 84. Selbsttätig gesteuerter Großgleichrichter mit Pumpenaggregat.

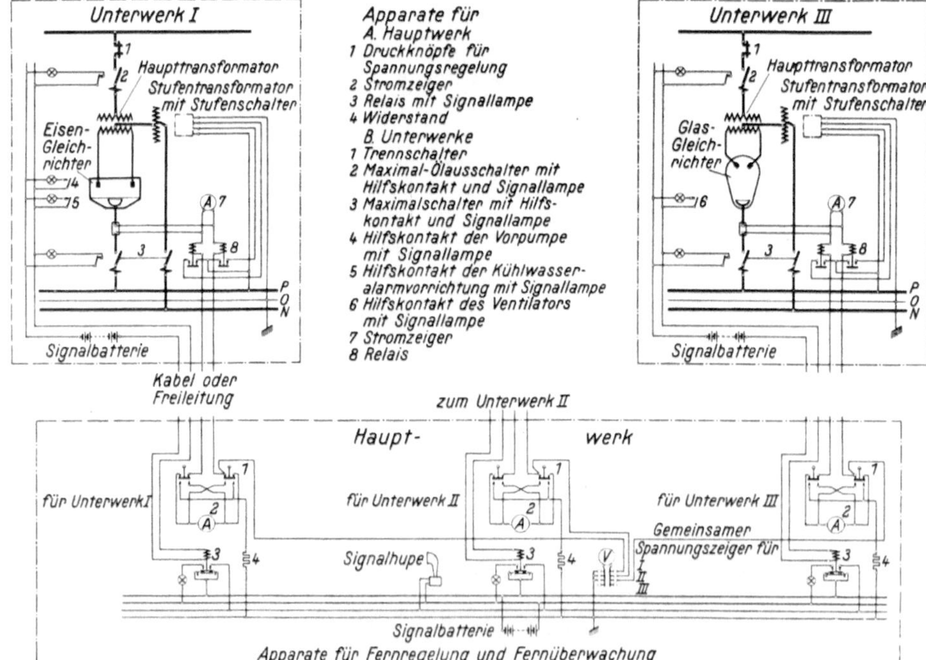

Abb. 85. Fernsteuerung für Gleichrichterunterwerke.

ganzer Stadtnetze von einem einzigen zentral gelegenen Raum aus zu steuern, was in Abb. 87 an Hand der Bedienungsschalttafel verdeutlicht wird.

Zahlreich ist der Gebrauch von Fernbetätigungselementen elektrischer Einrichtungen in der Industrie. Abb. 88 zeigt eine Rotationsdruckmaschine, deren Antriebsmotoren hinsichtlich ihrer Geschwin-

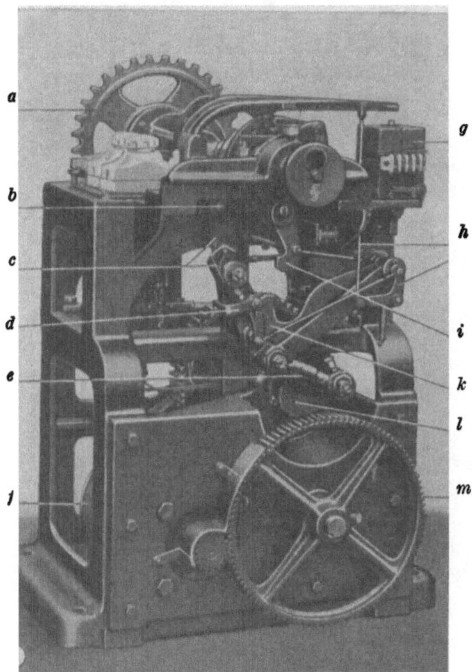

Motorantrieb.

Hubmagnetantrieb.

Abb. 86. Ferngesteuerte Ölschalterantriebe.

a Kettenrad auf der Antriebswelle, *b* Kurbel auf der Antriebswelle, *c* Lenker, *d* Auslöseklinke, *e* Schubstange, *f* Motor, *g* Auslösemagnet, *h* Auslösegestänge, *i* Halteklinke, *k* Klinkenhebel, *l* Vorgelegekurbel, *m* Vorgelege.

digkeit durch elektrisch betätigte Bürstenverschiebung ferngesteuert werden. Abb. 89 gibt den Fernschaltschrank für einen mehrmotorigen Papiermaschinenantrieb wieder. Abb. 90 zeigt, wie man bei einer großen Drehbank die Geschwindigkeit durch Druckknöpfe vergrößern oder verkleinern kann, die an mehreren Stellen des Bettes oder des Supports angebracht sind, damit der Dreher sie von seinem jeweiligen Platz aus bedienen kann. In Abb. 91 ist das Schaltschema für einen Hobelmaschinenantrieb mit Schützensteuerung dargestellt, und Abb. 92 zeigt eine Reihe von Relaisschränken für die

Abb. 87. Schalttafel für die Netzkupplung von Gleichstromkabeln durch Fernsteuerung.

Abb. 88. Halbautomatischer elektrischer Antrieb einer Doppelrotationsmaschine durch Repulsionsmotoren mit Bürstenverstellung.

Fernsteuerung verschiedenartiger schwerer Werkzeugmaschinen. In Abb. 93 sieht man, wie ein solcher Relaisschrank in das Gestell einer gleichstrombetriebenen Zylinderbohrmaschine eingebaut ist, deren Schaltschema in Abb. 94 gezeichnet ist.

In Abb. 95 erkennen wir eine elektrisch angetriebene Aufzugs-

Abb. 89. Schaltschrank für Papiermaschinen-Mehrmotorenantrieb.

winde mit einer Reihe von Rückmeldeschaltern und Hilfsgetrieben für fernbetätigte Druckknopfsteuerung. In Abb. 96 ist ein ver-

Abb. 90. Druckknopfsteuerung einer Drehbank mit Einzelantrieb durch Drehstrommotor.

einfachtes Schaltungsschema mit Stockwerkschaltern und Zentraltürverriegelung gezeichnet, und in Abb. 97 ein vollständigeres Schaltbild für schnellfahrende Personenaufzüge mit mehreren Motoren für große Geschwindigkeiten zum Fahren und kleine Geschwindigkeiten zum Anfahren und Bremsen. Schwere Reversier-Walzenzugsmotoren besitzen selbst in ihrer Erregerwicklung so starke Ströme, daß man sie ebenso wie auch die Erregung der Antriebsmotoren mit Schützen steuert. In Abb. 98 ist ein vereinfachtes Schema hierfür gezeichnet. Umfangreicher werden derartige Steuermechanismen, wenn es sich um die Fernsteuerung zahlreicher Motoren handelt, wie etwa bei der Zwillingschachtschleuse, deren Schema in Abb. 99 niedergelegt ist, oder dem elektrischen Antrieb einer Klappbrücke, deren Bedienungspult Abb. 100 wiedergibt.

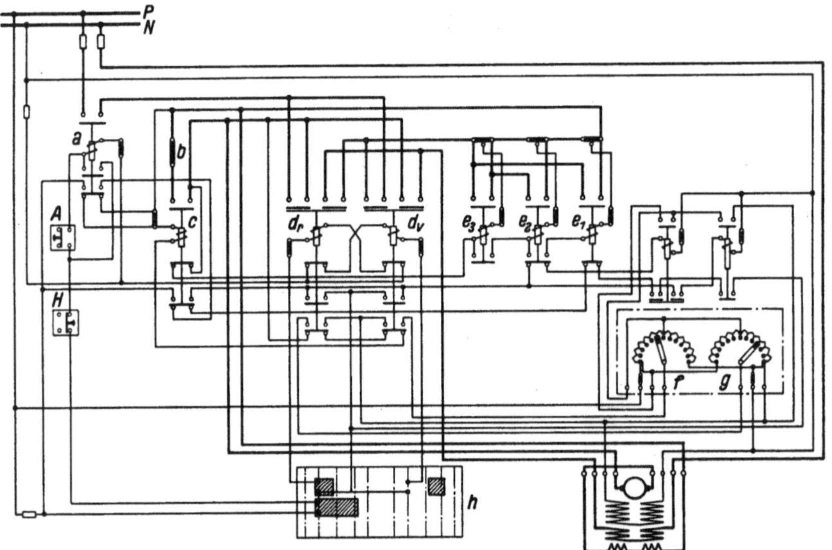

Abb. 91. Hobelmaschinenantrieb mit Schützensteuerung.

a Hauptschütz, *b* Bremswiderstand, *c* Bremsschütz, d_r Umschaltschütz, rückwärts, d_v Umschaltschütz, vorwärts, $e_{1, 2, 3}$ Anlaßschütze, *f*, *g* Nebenschlußregler, *h* Endumschalter.

Besonders wichtig ist die sichere Beherrschung großer Leistungen vom Führerstande aus beim elektrischen Zugbetrieb. Abb. 101 stellt ein vereinfachtes Starkstrom-Schaltbild für Wechselstromlokomotiven dar, deren Motoren durch die veränderliche Spannung eines Stufentransformators in ihrer Geschwindigkeit geregelt werden. Im Gegensatz dazu zeigt Abb. 102 das Steuerungsschaltbild für die Betätigungselemente einer solchen Lokomotive, durch das eine große Reihe verschiedenartiger Funktionen in Einklang gebracht wird. In Abb. 103 sind sowohl elektropneumatisch wie elektromagnetisch betätigte Schützenbatterien für die Steuerung von Wechselstromlokomotivmotoren dargestellt, und Abb. 104 gibt ein Schaltbild der Gleichstrommotoren der Berliner Stadtbahn wieder, bei denen die zum

Anfahren und Bremsen benötigten Eingriffe vom Führerstande aus eingeleitet und alsdann durch Relais und Schütze selbsttätig durch-

Abb. 92a. Für Hobelmaschine.

Abb. 92b. Für Blechschere.

Abb. 92c. Für Support-Drehbank.

Abb. 92. Relaisschränke für Fernsteuerung schwerer Werkzeugmaschinen.

Abb. 93. Druckknopfsteuerung eines Zylinderbohrwerks mit Einzelantrieb durch regelbaren Gleichstrommotor.

geführt werden. Ein für derartige Fern- und Selbststeuerung benutzter Fahrschalter ist in Abb. 105 dargestellt, während Abb. 106 ein pneumatisch angetriebenes Nockenschaltwerk für diese Vollbahnmotorenregelung wiedergibt.

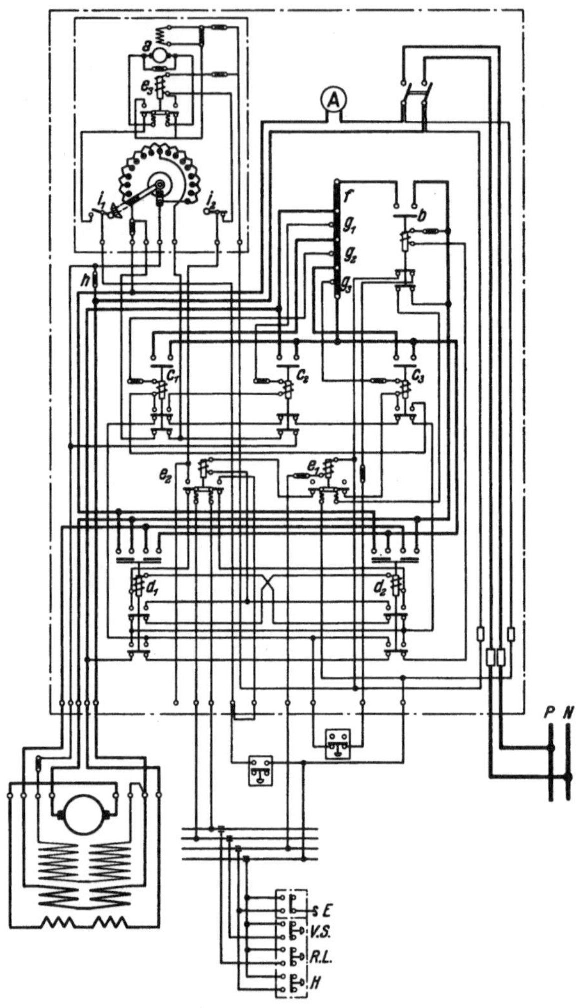

Abb. 94. Schaltbild für Druckknopfsteuerung einer Bohrmaschine.
a Hilfsmotor, *b* Bremsschütz, $c_{1,2,3}$ Anlaßschütze, $d_{1,2}$ Umkehrschütze, $e_{1,2,3}$ Hilfsrelais, *f* Bremswiderstand, $g_{1,2,3}$ Anlaßwiderstände, *h* Parallelwiderstand, $i_{1,2}$ Endschalter.

Wir sind hiermit schon in das Gebiet der **selbsttätigen Steuerung** elektrischer Eisenbahnanlagen eingedrungen und sehen des weiteren in Abb. 107 das Schaltschema, in Abb. 108 die Ausführungsform eines selbststeuernden Streckenschalters, der die Fahrleitung bei Kurzschlüssen automatisch abschaltet und von den gesunden Nachbarabschnitten lostrennt. Geht der Kurzschluß jedoch vorüber, so schaltet sich der Streckenschalter nach einiger Zeit von selbst wieder ein. Eine ähnliche selbsttätige Wiedereinschaltvorrichtung für

Abb. 95. Elektrischer Antrieb einer Aufzugswinde für Druckknopfsteuerung.

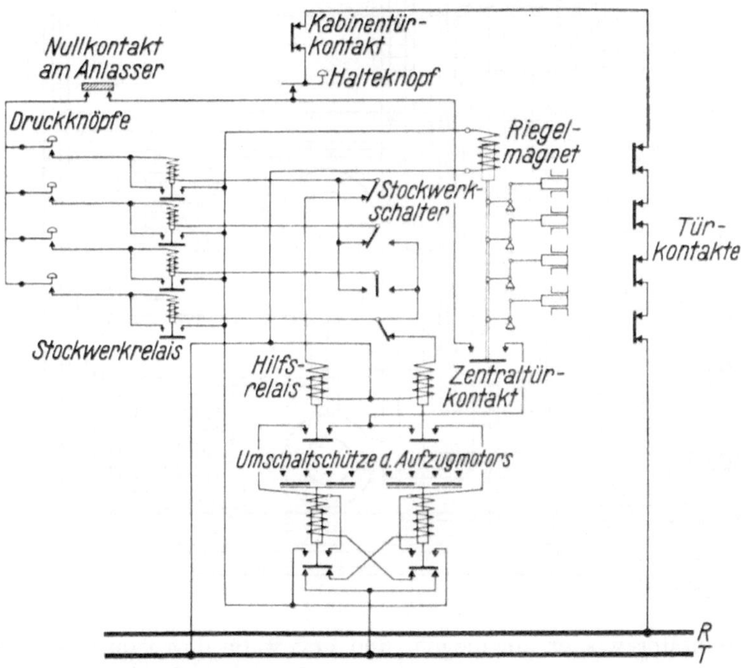

Abb. 96. Druckknopfsteuerung mit Stockwerkschaltern und Zentraltürverriegelung in vereinfachter Darstellung.

Ölschalter ist im Schaltbild der Abb. 109 dargestellt. Hier wird sogar durch ein Wärmerelais wiederholt mit mehrminutigem Abstand versucht,

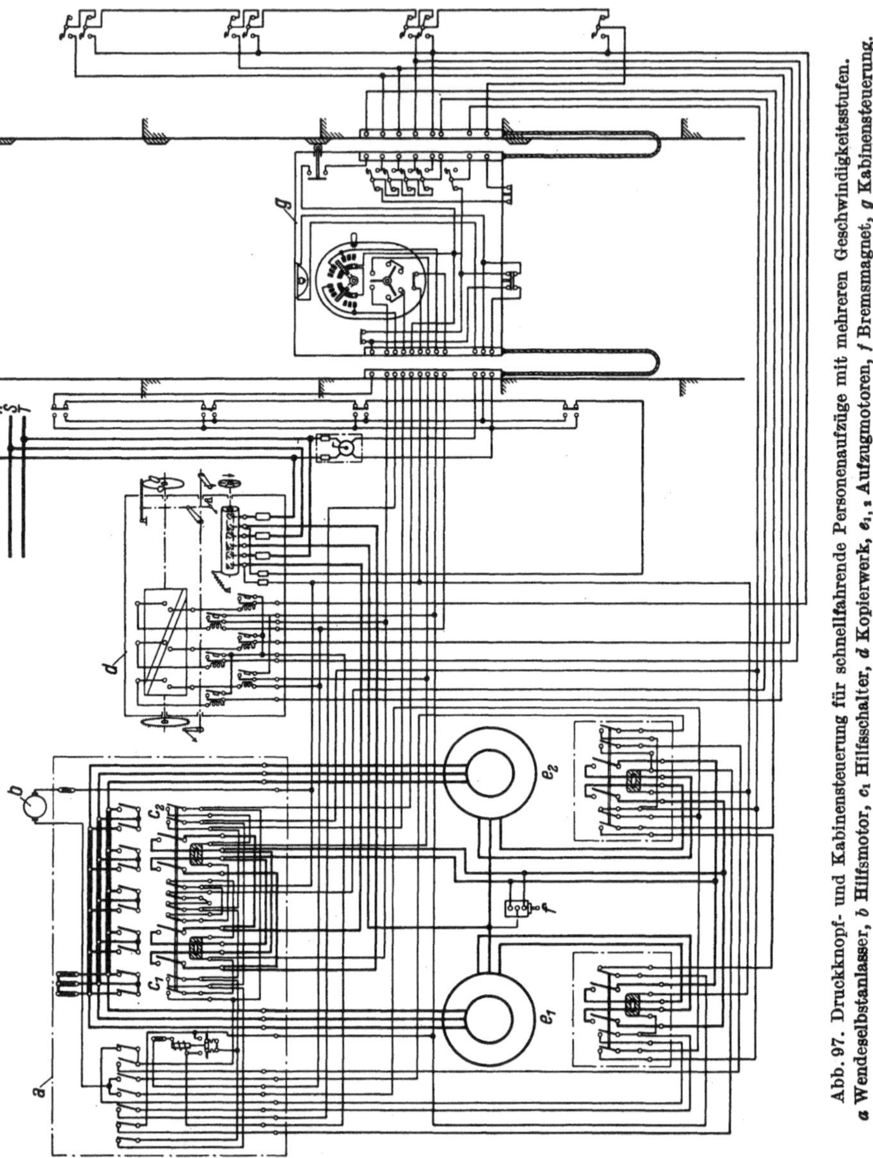

Abb. 97. Druckknopf- und Kabinensteuerung für schnellfahrende Personenaufzüge mit mehreren Geschwindigkeitsstufen. *a* Wendeselbstanlasser, *b* Hilfsmotor, c_1 Hilfsschalter, *d* Kopierwerk, $e_{1,2}$ Aufzugmotoren, *f* Bremsmagnet, *g* Kabinensteuerung.

den Ölschalter wieder einzulegen, und erst wenn dies zum zweitenmal wegen Dauerkurzschluß auf der Leitung nicht gelingt, bleibt der Schalter geöffnet stehen. Der Volksmund bezeichnet diese Anordnungen nicht

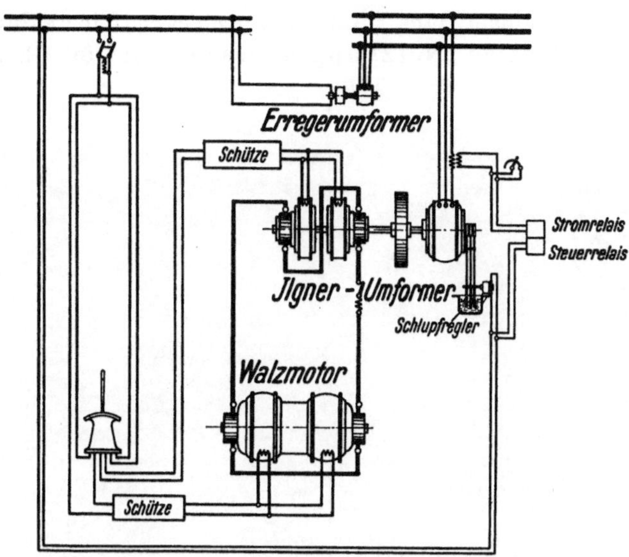

Abb. 98. Umkehrwalzmotor mit Ilgner-Antrieb und Schützensteuerung.

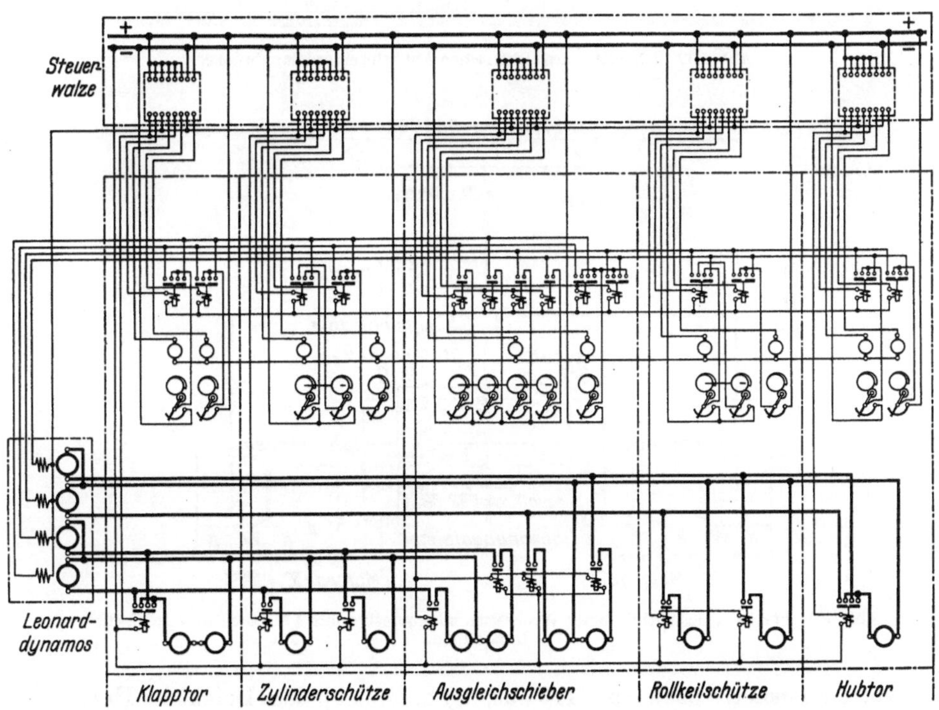

Abb. 99. Zentralisierte elektrische Fernsteuerung einer Zwillingsschachtschleuse.

mit Unrecht als „kluger Hans“. Ähnliche, noch etwas feinere Funktionen übt der selbsttätige Netzkupplungsschalter für Gleichstrom-

Abb. 100. Schaltpult des elektrischen Antriebs einer Klappbrücke.

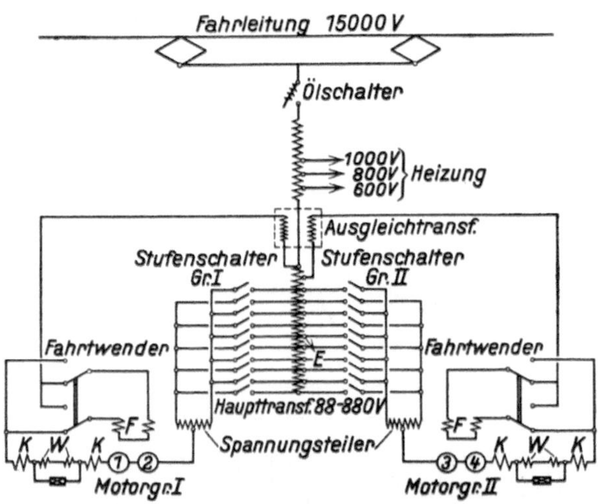

Abb. 101. Starkstromschaltbild einer Wechselstromlokomotive mit 4 Motoren in vereinfachter Darstellung.

verteilungsnetze nach Abb. 110 aus, der z. B. bei jedem Defekt im Hochspannungsnetz die Gleichstrom-Speiseleitungen öffnet, damit die Umformerstation richtig wieder anfahren kann, und sie bei Wiederkehr der Spannung nach Abtasten der richtigen Verhältnisse automatisch wieder schließt. Abb. 111 zeigt das Schaltbild für diese Vorrichtung.

Elektropneumatische Schütze.

Elektromagnetische Schütze.

Abb. 103. **Schützensteuerung für Wechselstromlokomotiven.**

Auch in Wechselstromanlagen kann man sich die langwierige Arbeit des Synchronisierens parallel zu schaltender Wechselstrommaschinen durch selbsttätige Vorrichtungen abnehmen lassen. Abb. 112 zeigt eine Apparatur zur selbsttätigen Feinsynchronisierung,

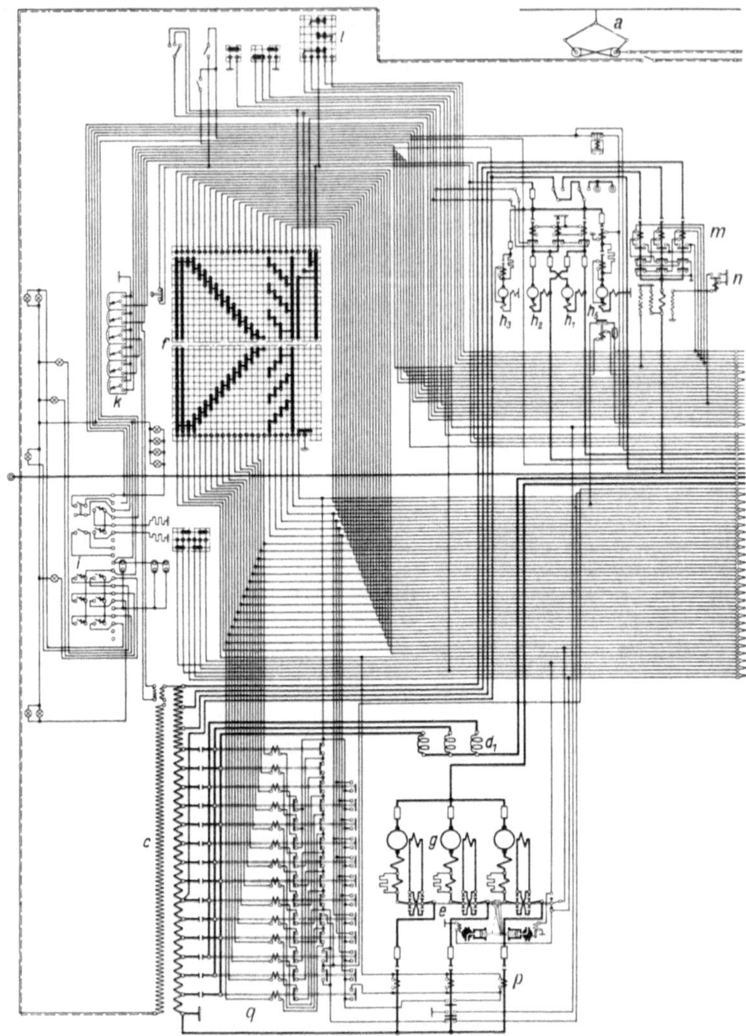

Abb. 102 a. Ausführliches Steuerungsschaltbild einer schweren Vollbahnlokomotive mit 6 Einphasenmotoren, linke Hälfte.

a Stromabnehmer, *b* Hauptschalter mit Hochspannungs-Maximalrelais, *c* Transformator, d_1 Schaltdrosselspulen, d_2 Spannungsteiler, *e* Fahrtwender, *f* Führerschalter, *g* Fahrmotoren, $h_{1, 2, 3, 4, 5}$ Hilfsmotoren, *i* Beleuchtungsschalttafel, *k* Meßinstrumente, *l* Heiz-Walzenschalter, *m* Heizschütze, *n* Heizauslöser, *o* Niederspannungs-Höchststromauslöser, *p* Trennschütze für Fahrmotoren, *q* Stufenschütze.

bei der die Spannung, die Frequenz und die Phasenlage zweier Maschinen verglichen wird und der Synchronisierschalter automatisch einschaltet, wenn alle Bedingungen gleichzeitig erfüllt sind. In Abb. 113 ist das Schaltbild für eine vollautomatische Schnellsynchronisie-

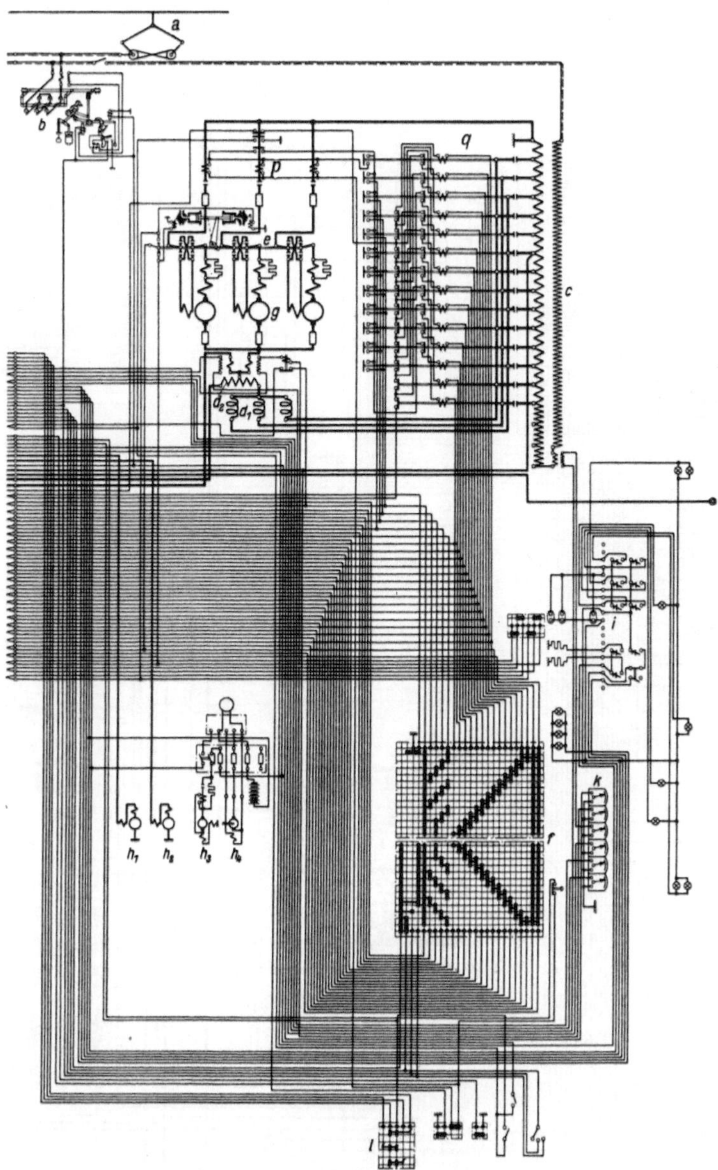

Abb. 102b, rechte Hälfte.

rungsanlage gezeichnet, mit der die schweren Generatoren eines Speicherkraftwerks in wenigen Minuten vom Stillstand bis zum Vollbetrieb am Netz gebracht werden können.

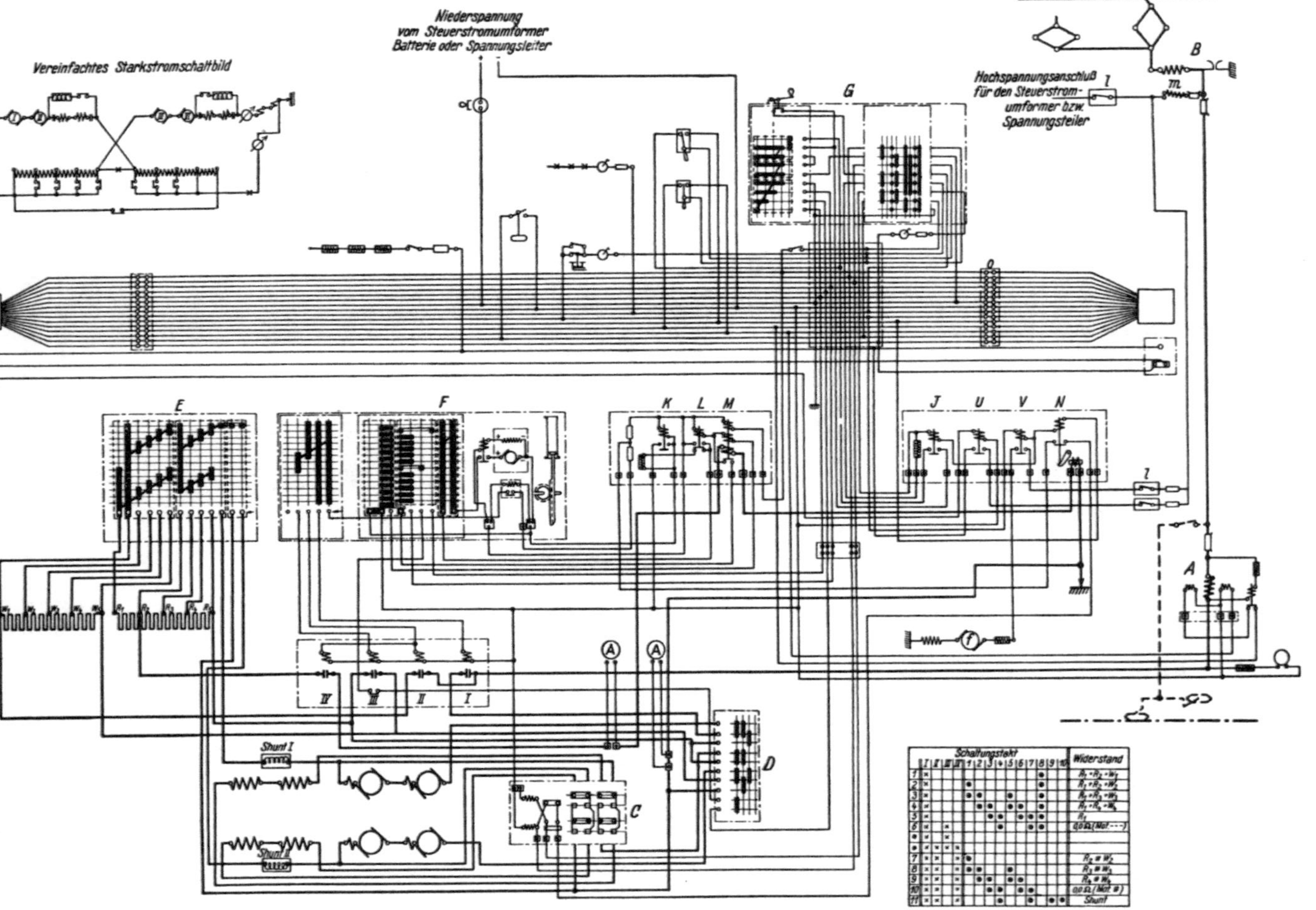

	Schaltungstakt														Widerstand
	I	II	III	IV	1	2	3	4	5	6	7	8	9	10	
1	×											●			$R_1+R_2+W_1$
2	×				●							●			$R_1+R_2+W_2$
3	×				●	●			●			●			$R_1+R_3+W_3$
4	×					●	●		●	●		●			$R_1+R_4+W_4$
5	×						●	●		●	●	●			R_1
6	×		×					●			●	●			0,0 Ω (Mot. – – –)
●	×		×												
●	×	×	×	×											
7	×	×		×	●										$R_2 \parallel W_2$
8	×	×		×	●	●			●						$R_3 \parallel W_3$
9	×	×		×		●	●		●	●					$R_4 \parallel W_4$
10	×	×		×			●	●		●	●				0,0 Ω (Mot. ∥)
11	×	×		×				●			●		●	●	Shunt

Abb. 104. Selbsttätig gesteuerte Fernschaltung für Gleichstromschnellbahnen.

A Automat, *B* Blitzschutz, *I—IV* Hauptschütze, *C* Fahrtwender, *D* Motorschalter, *E* Nockenwalze, *F* Automatischer Steuerschalter, *G* Führerschalter, *J* Steuerstromschütz, *K* Hilfsrelais, *L* Bremsrelais, *M* Stromwächter, *N* Überlastrelais, *U* Heizschütz, *V* Pumpenschütz, *f* Motorluftpumpe, *l* Handausschalter.

Ganz besonders günstig stellt sich die selbsttätige Steuerung bei Umformeranlagen aller Art dar, weil man dadurch hier zu einem völlig bedienungslosen Betrieb gelangt, und die Anlage nur von Zeit zu Zeit zu revidieren braucht. Abb. 114 gibt ein vereinfachtes Schaltschema für ein derartiges Gleichrichter-Unterwerk für Bahnbetrieb wieder, in dem mehrere Gleichrichter stehen, die je nach dem Strombedarf nacheinander in Betrieb kommen. Abb. 115 zeigt einen dieser Gleichrichter nebst der Relaisschalttafel, und in Abb. 116 ist das Schaltbild und die Relaistafel für die erste europäische derartige voll-

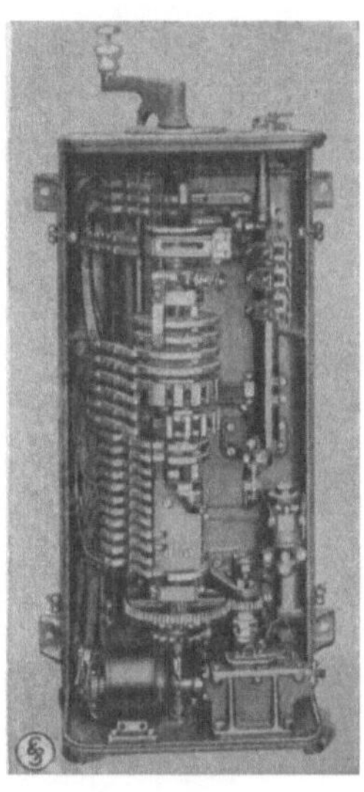

Abb. 105. Selbsttätiger Fahrschalter mit Antrieb durch Elektromotor und Ausschalten von Hand.

Vorderansicht.

Rückansicht.

Abb. 106. Pneumatisch angetriebenes, automatisches Nockenschaltwerk für Gleichstromschnellbahnen.

automatische Gleichrichter-Unterstation dargestellt, die im Jahre 1921 in Siemensstadt in Betrieb kam.

Auch für Wechselstrom-Gleichstrom-Unterwerke mit Einankerumformern ist die selbsttätige oder bedienungslose Arbeitsweise von großem Nutzen. Abb. 117 gibt ein Bild einer solchen Maschinenstation mit 6 Einheiten, die das Herz einer Großstadt speist. Abb. 118 stellt die sehr einfache Bedienungsschalttafel mit ihren Rückmeldeschildern und -lampen dar, und in Abb. 119 sind die gesamten für einen Maschinensatz erforderlichen Relais zum selbsttätigen Anlassen abgebildet. Der Anlaßumschalter des Einankerumformers besitzt eine motorbetriebene Schaltwalze nach Abb. 120, und zur Kontrolle und

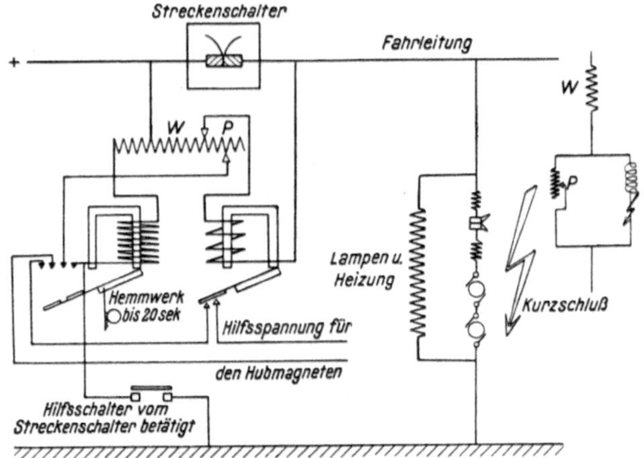

Abb. 107. Selbststeuernder Streckenschalter mit Sparschaltung für Bahnleitungen.

Abb. 108. Selbststeuernder Streckenschalter mit Prüfwiderstand nebst Prüfrelais und Beruhigungsrelais.

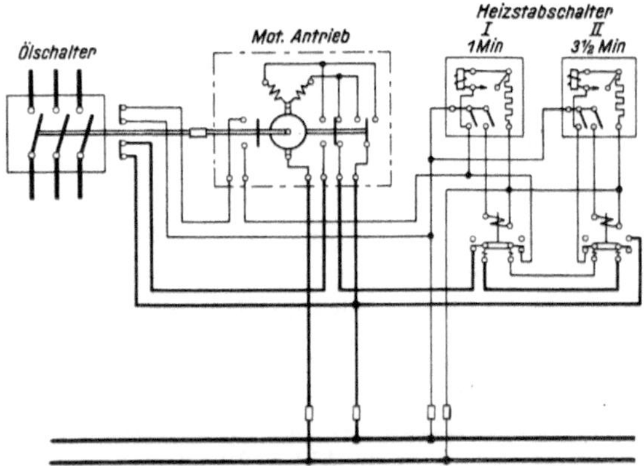

Abb. 109. Selbsttätige Wiedereinschaltvorrichtung für Ölschalter.

Abb. 110. Selbsttätige Schalter einer Untergrundschaltstelle für die Netzkupplung von Gleichstromkabeln.

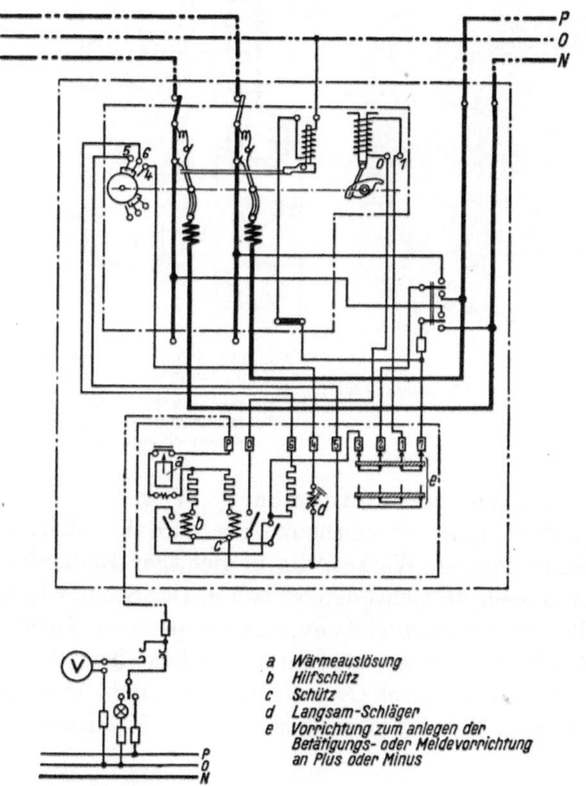

Abb. 111. Schaltbild eines selbsttätigen Netzkuppelschalters.

Rückmeldung des richtigen Anlaufs ist nach Abb. 121 die Welle eines jeden Umformers mit einem kleinen Tastmechanismus versehen. Das vollständige Schaltschema für den Selbstanlauf mit allen drehstrom- und wechselstromseitigen notwendigen Schaltungen des Einankerumformers ist in Abb. 122 dargestellt.

Ähnliche Anforderungen stellt man auch an kleine oder mittlere Wasserkraftwerke, die häufig in den Bergen, weit entfernt von menschlichen Siedelungen, erbaut sind. In Abb. 123 ist das vollständige Relais-

Abb. 112. Selbsttätige Feinsynchronisierung für Drehstromgeneratoren.

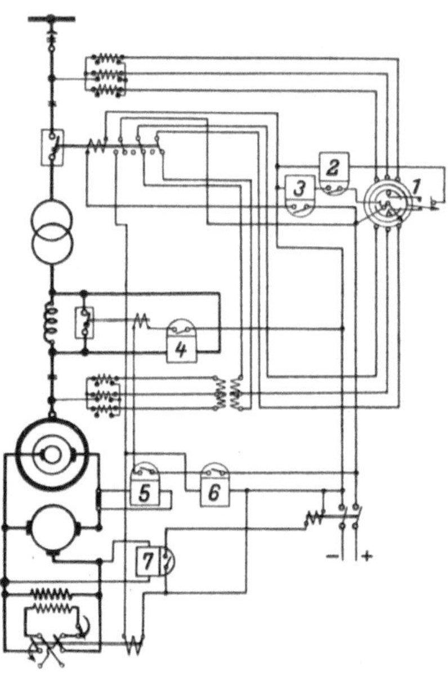

Abb. 113. Vollautomatische Schnellsynchronisierung für Speicherkraftwerke.

1 Synchronoskop, *2* Zeitrelais, *3* Hilfsrelais, *4* Wattmetrisches Relais, *5* Spannungsrelais, *6* Zeitrelais, *7* Spannungsrelais.

schema eines solchen bedienungslosen Wasserkraftwerks gezeichnet, das viel einfacher erscheint, als man bei den zahlreichen Funktionen eines solchen Werkes, die in richtiger Reihenfolge durchlaufen werden müssen, zunächst denken sollte. Das Schaltschema umfaßt sämtliche Betätigungsmanöver, angefangen vom Hochziehen der Schütze für den Wassereinlauf, bis zum schließlichen Parallelschalten der Wechselstrommaschinen durch Grobsynchronisierung. Abb. 124 gibt ein Bild des gesteuerten Maschinensatzes samt seiner Relaistafel.

6. Wirtschaftliche Bedeutung.

Die Relais stellen nur einen außerordentlich kleinen Teil der elektrischen Gesamtanlage dar, da sie lediglich die sensiblen und motorischen Nerven des großen arbeitsverrichtenden Stark-

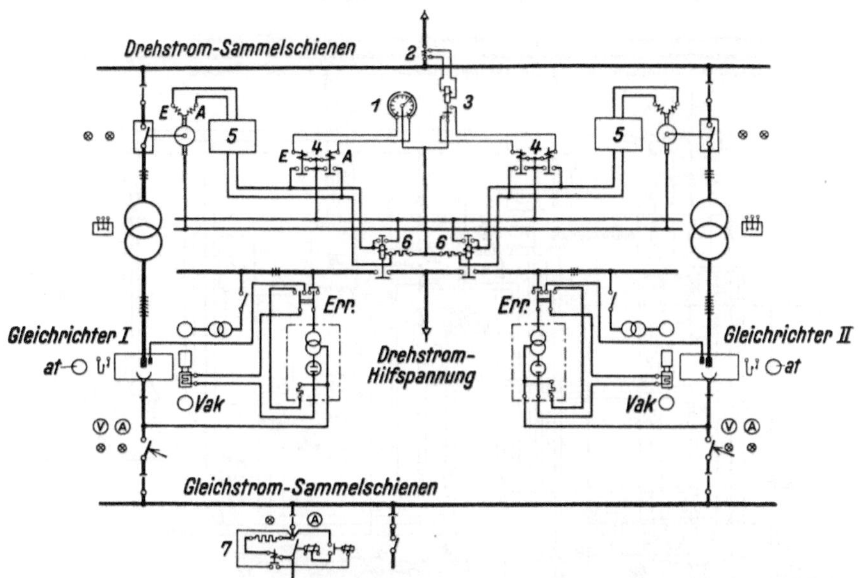

Abb. 114. Selbsttätiges Gleichrichter-Unterwerk für Bahnbetrieb.
1 Zeitschaltuhr, *2* Stromwandler, *3* Zuschalterelais, *4* Zwischenrelais, *5* Wiedereinschaltvorrichtung, *6* Schütze für Hilfspannung, *7* Selbststeuernder Streckenschalter.

Abb. 115. Großgleichrichteranlage für bedienungslosen Betrieb.

stromwesens sind. Es wurde nun eine gewisse Zahl von Anlagen, die blind herausgegriffen wurden, daraufhin untersucht, wie groß der Anteil der Relais- und Steuerungskosten am Gesamtwerte des Objektes ist. Abb. 125 gibt das Ergebnis dieser Ermittlungen wieder. Aus jedem der vier großen Steuergebiete wurden 5 Anlagen auf

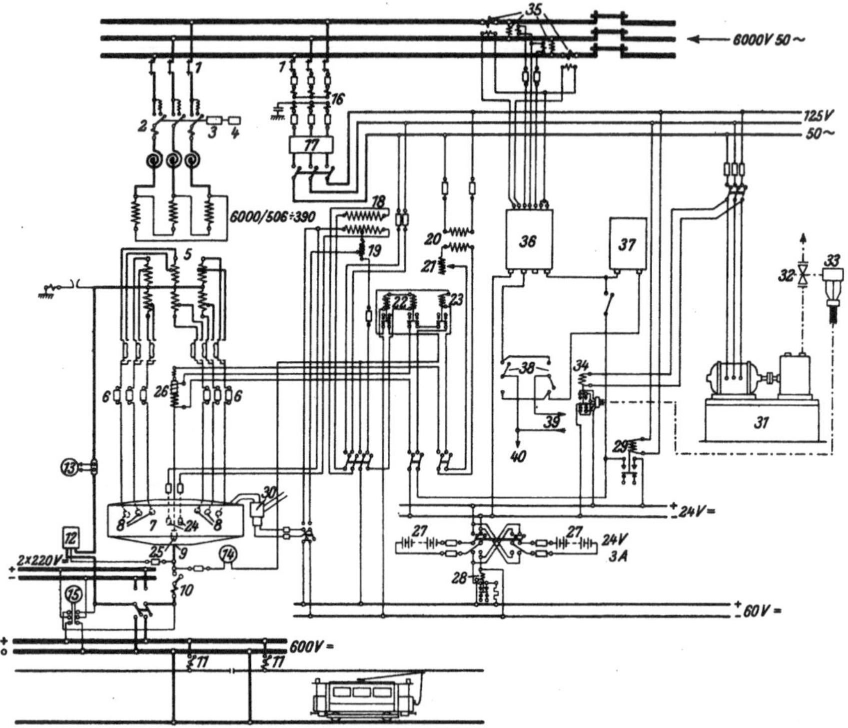

Abb. 116a. Vollautomatische Gleichrichterstation für Straßenbahn (Schaltbild).

1 Hochspannungs-Trennschalter, *2* Öl-Schutzschalter, *3* Antrieb für den Öl-Schutzschalter, *4* Wiedereinschalt-Vorrichtung, *5* Haupttransformator, *6* Anodenrelais, *7* Gleichrichtergefäß, *8* Hauptanoden, *9* Kathode, *10* Gleichrichter (Rückstrom-) Automat, *11* Selbststeuernder Streckenautomat, *12* Gleichstromzähler, *13* Hauptstromzeiger für Gleichstrom, *14* Hilfsstromzeiger für Gleichstrom, *15* Spannungszeiger für Gleichstrom, *16* Hilfstransformator, *17* Drehstrom-Hilfsstrom-Zähler, *18* Erregertransformator, *19* Drosselspule für den Erregerkreis, *20* Zündtransformator, *21* Vorschaltwiderstand für den Zündkreis, *22* Erregerrelais, *23* Zündrelais, *24* Erregeranoden, *25* Zündnadel, *26* Zündspule, *27* Hilfsbatterien, *28* Laderelais, *29* Hilfsspannungsrelais, *30* Quecksilberdampf-Pumpe, *31* Luftpumpe, *32* Vakuumhahn, *33* Antrieb für den Vakuumhahn *43* Hahnrelais, *35* Meßwandler, *36* Leistungs-Schaltuhr, *37* Zeit-Schaltuhr, *38* Wahlschalter *39* Zur Steuerung Gl R I, *40* Zur Steuerung Gl R II.

die anteiligen Kosten analysiert. Nicht bei allen ließ sich eine vollständige Zerteilung durchführen, z. B. wenn nur ein Pauschalpreis für die ganze Automatik ausgemacht war. Bei anderen Anlagen zeigte sich, daß die Automatik selbst in drei nahezu gleich teuere Posten zerfiel, nämlich die Steuerrelais, die Strom- und Spannungswandler, die zu ihrer Verbindung mit den Starkstromanlagen nötig sind, und schließlich die Steuerleitungen, die bis zu 5 und mehr km Länge

Abb. 116b. Vollautomatische Gleichrichterstation für Straßenbahn (Relaistafel).

Abb. 117. Untergrund-Umformerstation mit 10 Einankerumformern für Licht-, Kraft- und Bahnstrom mit vollautomatischem Betrieb.

in einer einzigen selbsttätigen Anlage erreichen können. Der Anteil der Relaiskosten an der Gesamtanlage ist natürlich von Fall zu Fall

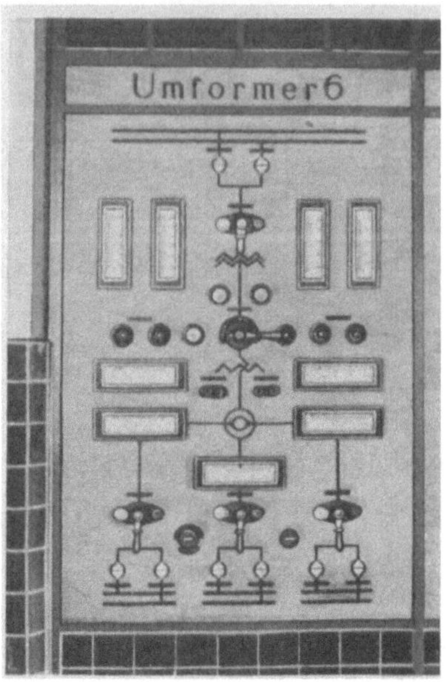

Abb. 118. Schalttafel für das selbsttätige Anlassen von Einankerumformern.

Abb. 119. Relaistafel für das selbsttätige Anlassen von Einankerumformern.

sehr verschieden. Er schwankt zwischen 1% und 25%, das erstere mehr für große, das letztere mehr für kleine Starkstromanlagen. Vielleicht ist es etwas gewagt, einen einfachen Mittelwert aus diesen wenigen Beispielen zu bilden, der sich auf 6 bis 8% stellen würde,

Abb. 120. Schaltwalze für Anlaßumschalter zum selbsttätigen Anlassen von Umformern.

jedoch gibt dies immerhin eine Größenordnung für den wirtschaftlichen Aufwand an, der diesen Steuerungselementen im Verhältnis zur Leistungsanlage selbst zukommt.

Abb. 121. Anlaufkontrolle beim selbsttätigen Anlassen von Umformern.

Da diese Kosten sonach in den meisten Fällen nur einen kleinen Bruchteil der Kosten der Leistungsanlage ausmachen, so darf mit großer Sicherheit erwartet werden, daß unsere Starkstromanlagen in der nahen und fernen Zukunft noch sehr viel mehr als bisher von den Mitteln der Relaissteuerungen und ähnlicher Feinapparaturen Gebrauch machen werden. Es entspricht dies auch den unbestreitbaren Vorteilen, die jede mechanische oder elektrische

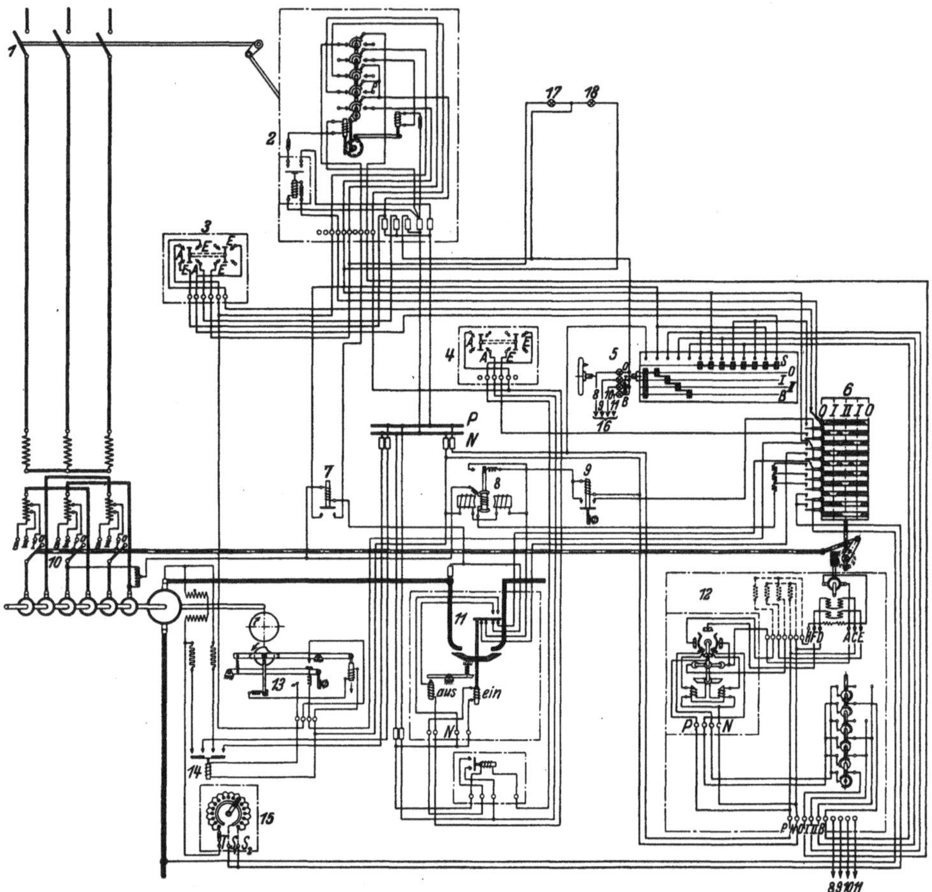

Abb. 122. Einankerumformerschaltung für drehstrom- und gleichstromseitigen Selbstanlauf. *1* Ölschalter, *2* Ölschalterantrieb, *3* Steuerschalter für Ölschalterantrieb, *4* Steuerschalter für Gleichstrom-Selbstschalterantrieb, *5* Handwalze, enthält Steuerschalter für Anlaß-Umschalter und Umschalter „Hand" auf „Selbsttätig", *6* Walzenschalter am Anlaß-Umschalter, *7* Spannung-Hilfschütz (Rücklaufhemmung), *8* polarisiertes Hilfschütz, *9* Zeit-Hilfschütz, *10* Anlaß-Umschalter, *11* Gleichstrom-Selbstschalter, *12* Antrieb für Anlaß-Umschalter, *13* Anlaufwächter, *14* Fremderregerschütz, *15* Nebenschlußregler, *16* zu den Klemmen am Anlaß-Umschalterantrieb.

Steuerung hinsichtlich ihrer Zuverlässigkeit, Sicherheit und Schnelligkeit vor der menschlichen Betätigung besitzt.

Wenn wir uns dies einmal an einem Beispiel, etwa an dem vorhin im Bild gezeigten Drehstrom-Gleichstrom-Umformerwerk klar machen, so sehen wir, daß bei einer Störung im Netz, vielleicht einem Kabelkurzschluß durch Anhacken bei Bauarbeiten, eine Aufeinander-

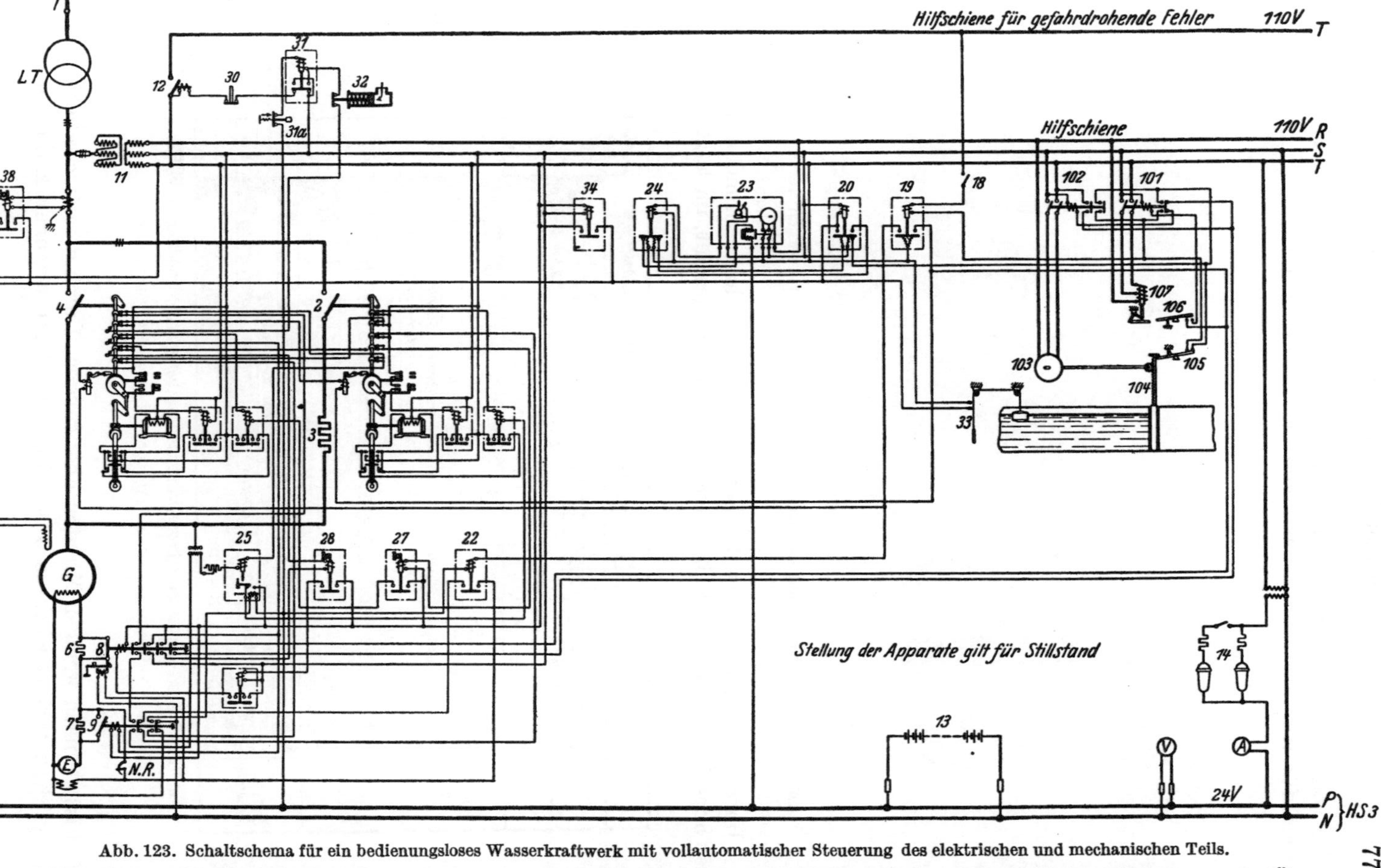

Abb. 123. Schaltschema für ein bedienungsloses Wasserkraftwerk mit vollautomatischer Steuerung des elektrischen und mechanischen Teils.

T Trennschalter, *LT* Leistungstransformator, *G* Stromerzeuger, *E* Erregermaschine, *NR* Nebenschlußregler, *HS 3* Gleichstrom-Hilfsschienen, *2, 4* Ölschalter, *3, 6* Vorwiderstände, *7* Schwingungwiderstand, *8, 9* Schütze, *11* Drehstromtransformator, *12* Schütz für gefahrdrohende Fehler, *13* Akkumulator, *14* Glimmgleichrichter, *18* Schalter (Kommando-Apparat), *19* Hauptbetätigungsrelais, *20* Relais für gefahrdrohende Fehler, *22* Remanenzrelais, *23* Motorzeitrelais, *24* Hilfsrelais, *25* Frequenzrelais, *27, 28* Zeitrelais, *30* Lager-Gefahrmelder, *31* Hilfsrelais, *31 a* Druckschalter, *52* Öldruckrelais, *33* Schwimmerschalter, *34* Spannungsrelais, *38* Überstromzeitrelais, *101, 102* Schütze, *103* Hilfsmotor, *104* Wassereinlaßorgan, *105, 106* Endschalter, *107* Haltemagnet.

folge von Vorgängen auftritt, die in Tabelle VI dargestellt ist, und zwar einmal für Handbedienung, das andere Mal für selbsttätige Steuerung.

Abb. 124. Maschinensatz und Schalttafel eines bedienungslosen Wasserkraftwerks.

Im ersteren Fall dauert die Betriebsstörung mehrere Stunden und hat auch in praktischen Fällen schon nach Tagen gezählt, im letzteren

	Anlagen	Leistung in kVA	Anteilige Kosten des elektrischen Teiles in %	Anteil der Rel. u. Schütze in %
Regelung	Drehtransformator	15000	Transformator u. Ölkühler	0,65
	Zusatztrafo m. Anzapf.	5000	Transformator u. Stufenschalter	4,5
	Papiermaschine		Maschine / Schalt, Kab.	2,25
	Blindleistungsmaschine	15000	Maschine / Schaltanl.	0,87
	Turbogenerator	27500	Generator	1,60
Schutz-systeme	Umspannwerk	12500	Transformator u. Schaltanlage	9,4
	Zentralkabel-Schutz		Kabel ohne Z-Leiter / Z-Leiter	1,4
	Jmpedanzschutz f. Freiltg.		Freileitung, Schalter	5,4
	Generatorschutz	25000	Generator, Transformator, Schaltanlage / Kabel	2,9
	Generatorschutz	40000	Generator, Transformator, Schaltanlage	0,34
Fernbe-tätigung	Leonard-Förder-Masch.	1900	Maschine, Schaltanlage	0,18
	Ferngest. Hobelmaschine		Motoren, Kabel, Jnstrumente / Schalter	23,0
	Spitzendrehbank		Maschine u. Kabel / Schalter	1,85
	Elektr. Ausrüst. f. Kesselhäus.		Starkstromteil / Jnstr.	6,15
			Starkstromteil / Batterie / Jnstr.	3,65
Selbstät. Steuerung	Glasgleichrichter	600 A	elektrische Ausrüstung	15
	Großgleichrichter	2000 A	elektrische Ausrüstung	4,72
	Wasserkraftanlage	425	Maschine u. Transformator / Schaltausrüstg.	9,13
	Umformerwerk	2000	Maschinen	2,5
	Schaltstation	160000	Maschine / Schaltanlage	2,4

Anteil der Relais u. Schütze sowie Strom u. Spannungswandler u. Steuerleitungen ■

Abb. 125. Anteilige Kosten der Steuersysteme von Starkstromanlagen.

Fall ist sie nach wenigen Minuten überwunden. Durch derartige selbsttätige Steuerungen wird die Betriebssicherheit unserer Anlagen

Tabelle VI. Verhalten von Umformernetzen nach Störungen.

Handbetätigung	Selbsttätige Steuerung
1. Kurzschluß drehstromseitig, Spannungssenkung an den Umformern	1. Kurzschluß drehstromseitig, Spannungssenkung an den Umformern
2. Drehstromschalter lösen aus, Umformer schalten drehstrom- und gleichstromseitig ab	2. Drehstromschalter lösen aus, Umformer schalten drehstrom- und gleichstromseitig ab
3. Defekte Leitung herausgefunden und abgeschaltet, Drehstromseite erhält über andere Leitung Spannung	3. Gleichstromnetz trennt sich an den Knotenpunkten selbsttätig in Sektoren auf
4. Handanlassen aller Umformer nacheinander, erfolgloser Versuch Speisekabel wieder einzuschalten, da Stromaufnahme zu groß	4. Fehlerhafte Leitung selbsttätig selektiv abgeschaltet, Drehstromseite erhält sofort wieder Spannung
5. Aussenden von Arbeits-Kolonnen, um Knotenpunkte des Netzes aufzutrennen	5. Selbsttätiges Anlassen aller Umformer mit wenigen Sekunden Staffelungszeit
6. Sektorweises Einschalten der Speisekabel	6. Bis zu 100 Speisekabel in schneller Folge nacheinander sektorweise von Hand oder selbsttätig eingeschaltet
7. Kolonnen schließen die Knotenpunkte wieder.	7. Knotenpunktschalter schließen das Netz selbsttätig wieder zusammen.
Dauer: 3 Stunden bis 3 Tage.	Dauer: 3—4 Minuten.

vergrößert und in vielen Fällen die Betriebsmöglichkeit überhaupt erst geschaffen, so daß durch Anwendung von Relaissteuerungen eine Erweiterung des Anwendungsgebietes für die elektrische Energieversorgung zu erwarten ist.

Hochspannungstechnik. Von Dr.-Ing. Arnold Roth. Mit 437 Abbildungen im Text und auf 3 Tafeln sowie 75 Tabellen. VIII, 534 Seiten. 1927. Gebunden RM 31.5

Überströme in Hochspannungsanlagen. Von J. Biermanns, Chefelektriker der AEG-Fabriken für Transformatoren und Hochspannungsmaterial. Mit 322 Textabbildungen. VIII, 452 Seiten. 1926. Gebunden RM 30.–

Theorie der Wechselstromübertragung (Fernleitung und Umspannung). Von Dr.-Ing. H. Grünholz. Mit 130 Abbildungen im Text und auf 12 Tafeln. VI, 222 Seiten. 1928. Gebunden RM 36.7

Elektrische Gleichrichter und Ventile. Von Professor Dr.-Ing. A. Güntherschulze. Zweite, erweiterte und verbesserte Auflage. Mit 305 Textabbildungen. IV, 330 Seiten. 1929. Gebunden RM 29.–

Der Quecksilberdampf-Gleichrichter. Von Kurt E. Müller, Lübeck, Ingenieur der AEG-Apparatefabriken, Treptow.

Erster Band: **Theoretische Grundlagen.** Mit 49 Textabbildungen und 4 Zahlentafeln. IX, 217 Seiten. 1925. Gebunden RM 15.–

Zweiter Band: **Konstruktive Grundlagen.** Mit 340 Textabbildungen und 4 Tafeln. VI, 350 Seiten. 1929. Gebunden RM 42.–

Die Meßwandler, ihre Theorie und Praxis. Von Dr. I. Goldstein, Oberingenieur der AEG-Transformatorenfabrik. Mit 130 Textabbildungen. VII, 166 Seiten. 1928. RM 12.—; gebunden RM 13.50

Die Transformatoren. Von Professor Dr. techn. Milan Vidmar, Ljubljana. Zweite, verbesserte und vermehrte Auflage. Mit 320 Abbildungen im Text und auf einer Tafel. XVIII, 751 Seiten. 1925. Gebunden RM 36.—

Der Transformator im Betrieb. Von Professor Dr. techn. Milan Vidmar, Ljubljana. Mit 126 Abbildungen im Text. VIII, 310 Seiten. 1927. Gebunden RM 19.—

Der Transformator. Von Dipl.-Ing. Conrad Aron, Berlin. Mit 47 Abbildungen im Text und 115 Aufgaben nebst Lösungen. (Technische Fachbücher, Band 13.) IV, 117 Seiten. 1926. RM 2.25